suhrkamp taschenbuch 3947

»... aber die Wahrheit ist, daß wir uns gar nicht interessieren für Ehrenpreis oder Kleiber oder Weg 2 unterhalb des Bullauer Hofs. Es ist kein Interesse, es ist etwas anderes. Es ist vielleicht eine Sehnsucht. Eine Sehnsucht nach dem, wie es sein könnte. Wie es sein könnte, wenn etwas anders wäre. Ja, aber was?«

Anhand von Spaziergängen in der Wetterau und im Wendland, in Südtirol und im Odenwald beschreiben Christine Büchner und Andreas Maier ihre *éducation naturelle*: Eine farbige, sehr persönliche Mischung aus Erinnerung, Recherche und Reflexion wird zu einer Annäherung an das altmodische Fach Naturkunde. Ihr »Traktat über den Seelensegen der Naturerfahrung« (*Frankfurter Allgemeine Zeitung*) ist eine Einladung an die Leser, sich auf die Natur einzulassen, und eine Anleitung zum Glücklichsein.

Andreas Maier wurde 1967 im hessischen Bad Nauheim geboren. Er studierte Altphilologie, Germanistik und Philosophie in Frankfurt am Main und ist Doktor der Philosophie im Bereich Germanistik. Er lebte wechselweise in der Wetterau und in Südtirol. Andreas Maier wohnt in Hamburg. Sein Werk erscheint im Suhrkamp Verlag.

Christine Büchner, geboren 1970 in Frankfurt, studierte Theologie, Germanistik und lateinische Philologie. Sie unterrichtet Katholische Theologie an der Universität Hamburg.

Andreas Maier
Christine Büchner

Bullau

Versuch über Natur

Suhrkamp

Die Originalausgabe erschien 2006
bei Heinrich & Hahn Verlagsgesellschaft, Frankfurt am Main.

Umschlagabbildung:
Albrecht Dürer. Das Große Rasenstück, 1503.

3. Auflage 2016

Erste Auflage 2008
suhrkamp taschenbuch 3947

Druck: Druckhaus Nomos, Sinzheim
Umschlag: Göllner, Michels, Zegarzewski
Printed in Germany
ISBN 978-3-518-45947-8

Bullau
Versuch über Natur

Veronica officinalis

Wald, Wiesen, Vögel, das sind poetische Begriffe und zugleich Klischees. Bei den Worten Wald und Wiese lacht der eine gleich auf, der andere aber steht begeistert vor dem ersten Ehrenpreis des Jahres und bekommt einen Transzendenzschub. Der erste wird vermutlich das Wort Ehrenpreis gar nicht kennen. Man erlebt auch immer wieder, daß man mit den besten Bekannten zufällig und absichtslos irgendwo spazierengeht und diese völlig verblüfft sind, wenn man plötzlich auf Seifenkraut verweist. Seifenkraut, sie wissen gar nicht, ob es das gibt oder ob man sie in diesem Augenblick auf den Arm nimmt. Neulich saßen wir beide mit einem langjährigen Freund auf der Terrasse eines Landgasthofs im Odenwald, in einem kleinen Ort namens Bullau, und uns gegenüber stand ein großer, alter Birnbaum. Wir sagten zum Wirt, das sei ein ziemlich großer, schöner Birnbaum, und unser Bekannter schaute uns fragend an. Für ihn war das bis eben ein Baum gewesen, jetzt war es ein Birnbaum. Wenn er gefragt hätte, woran wir das erkennen, hätten wir es ihm erklären können, es ist ja ganz einfach. Ein Birnbaum sieht, von der Silhouette her betrachtet, wie eine Birne aus. Aber vielleicht hätte unser Bekannter dazu auch noch wissen müssen, wie ein Kirschbaum oder ein Apfelbaum aussieht, als Gegenbild. Man kann sich nämlich vorstellen, daß jemand vor einem Kirschbaum steht (den er nicht erkennt) und nun fortwährend darüber nachdenkt, ob dieser Baum aussehe wie eine Birnenfrucht oder nicht. Wir haben auch oft erlebt, daß Bekannte mit uns im Frühjahr zur Blütezeit über den Ockstädter Kirschberg laufen, plötzlich angewidert das Gesicht verziehen und ausrufen: Pfui, was stinkt denn hier so? Sie blicken sich aber gar nicht um, sie kommen gar nicht darauf. Dabei laufen sie gerade eben an einem Birnbaum vorbei.

Wir selbst haben vieles erst spät begriffen. Es ging langsam. Aber was wir beide dann auf unseren Gängen, bei unseren Beobachtungen erlebt und zum ersten Mal kennengelernt haben, wurde immer mehr unsere gemeinsame Geschichte. In Bad Nauheim gibt es am Rand des Frauenwalds den sogenannten Donnersgraben. Lange Jahre vor der großen Bärlauchmode sind wir mit einem Freund nach einer ins Frühjahr verschobenen Weihnachtsgans und nach Einnahme von zwei Underberg durch den Donnersgraben gelaufen. Der Grund für den Gang lag in der Familientradition der Bolls, das ist die Vorfahrenlinie der Maiers mütterlicherseits. Der Urgroßvater, Karl Boll, pflegte nämlich nach der Weihnachtsgans immer mit seinem Dämmerschoppenkollegen durch den Donnersgraben zu laufen, zur Verdauung. Also liefen auch wir durch den Donnersgraben und hätten fast gekotzt, nicht wegen der Gans und des Underbergs, sondern weil der ganze Graben von einem fürchterlichen Gestank erfüllt war, der uns völlig unbekannt war und geradezu apokalyptisch wirkte, als sei die Welt jetzt völlig vergiftet und verpestet. Wir konnten uns nicht vorstellen, daß etwas *Natürliches* so stinken konnte, zumal wir schon früher dutzende Male durch den Donnersgraben gelaufen waren und es nie so gestunken hatte. Wir waren natürlich völlig blind. Wir sahen nicht einmal, daß links und rechts der ganze Grabenrand mit bestimmten grünen Blättern bewachsen war, eben den Bärlauchblättern. Wir hatten das Wort nie gehört und sahen folglich nichts. Also konnten wir auch nicht wissen, daß jene Pflanze kurz vor der Blüte einen sehr knoblauchhaften Geruch entwickelt. Wir sahen gar nichts, wir liefen nur durch den Graben und hatten Gestank in der Nase. Damals waren wir zwanzig!

Zu Hause bei den Maiers folgte die Aufklärung auf dem Fuß. Die Mutter fragte, wie denn der Gang durch den Donnersgraben gewesen sei, wir sagten, er sei fürchterlich gewesen, es habe unglaublich gestunken, irgend etwas müsse aufgrund einer chemischen Vergiftung oder einer Mutation … Ja, der Bärlauch, sagte sie. Der stinke im Donnersgraben immer. Mit einer chemischen Vergiftung oder einer

Mutation hatte das also gar nichts zu tun. In späteren Jahren liefen wir selbst durch den Donnersgraben und ernteten Bärlauch, um ihn zu essen, und erfanden Rezepte (z. B. ein Bärlauchsoufflé mit Kartoffeln und Pilzen), aber dann wurde Bärlauch Mode, auf jeder Speisekarte gab es plötzlich Bärlauch, und da ließen wir es wieder sein.

Zurück auf den kleinen Landgasthof im Odenwald. Vor uns also der große, alte Birnbaum. Der Wirt sagte, jaja, der Baum, der sei hinüber, aber wegmachen wolle er ihn nicht, er sei halt schön, wie er dort stehe. Da hatte er recht! Wir saßen mit unserem Bekannten, der ein Buch las und den Birnbaum nicht weiter beachtete (für manche Menschen sind Bäume in erster Linie Schattenspender oder etwas »Malerisches in der Landschaft«, aber eben keine Birnbäume oder Zypressen oder Weiden), und irgendwann riefen wir: Da, ein Kleiber!

Unser Bekannter klappte sein Buch zu (einen Roman, den er rezensieren sollte), schaute uns an und sagte plötzlich sehr unvermittelt (als habe sich schon längere Zeit eine Art Widerwille in ihm angestaut): Wißt ihr, manchmal glaube ich, ihr erfindet das alles. Ihr erfindet alle diese Namen. Nein, sagten wir, da sei er doch, der Kleiber. Wo, fragte unser Bekannter. Da! Er sah zuerst nichts. Wir: Du mußt auf etwas achten, das sich bewegt, da unten an dem Ast. Nach einer Weile sah er etwas. Er: Das ist ein Spatz. Das ist bestimmt ein Spatz oder sonst etwas Banales, und jetzt habt ihr bloß wieder so einen Namen erfunden, so wie *Hechelgelbling* oder *Lümmeldolde*.

Er meinte das vermutlich ernst. Ein Kleiber ist übrigens kaum ungewöhnlicher als ein Spatz, aber ein Spatz gehört eben in die Kategorie *Amsel, Spatz, Taube*. Amsel, Spatz, Taube sind die Vögel, die irgendwie alle kennen, auch wenn manche, wie gesehen, alles von Kohlmeise bis Kleiber oder auch Mönchsgrasmücke unter *Spatz* subsumieren, denn es sind ja erkennbar weder Amseln (»schwarz«) noch Tauben (»überall, fett und ekelig«).

Auch wir haben früher, als wir uns beide noch gar nicht kannten, ausschließlich in den Kategorien *Amsel, Spatz, Taube* gedacht, und zwar völlig unabhängig voneinander, denn der eine von uns ist in Mühlheim am Main aufgewachsen und der andere in Friedberg in der Wetterau. Bis ins Detail war, als wir uns noch nicht kannten, unsere Amsel-Spatz-Tauben-Kategorie mit denselben Mißverständnissen behaftet. Als Kinder hielten wir beide das Gurren der Tauben jahrelang für den Ruf von Eulen. Und wir haben natürlich jede Drossel und jeden Star sofort für *wahrscheinlich eine Amsel* gehalten. Und daß es verschiedene Sperlingsarten gibt bzw. Spatzen Sperlinge heißen, davon wußten wir natürlich auch nichts.

Wie gesagt, erst spät klärten sich für uns da gewisse Mißverständnisse, und früher wären wir von unserem Bekannten auf der Terrasse des Odenwälder Landgasthofs kaum zu unterscheiden gewesen.

Wir können uns zum Beispiel daran erinnern, wie es war, als wir unseren ersten Kleiber gesehen haben. Das war neunzehnhundertsechsundneunzig am Eisackufer in Brixen, wir standen unter einer Platane. Seitdem sehen wir natürlich andauernd und überall Kleiber, weil sie ja permanent anzutreffen sind, aber damals klärte sich die Welt der Singvögel für uns zum ersten Mal ein wenig …

Wie fing das an? Wie kamen wir auf Vögel? Zwei Dinge fallen uns ein. Im Garten der Maiers verkehrte früher ein alter Freund der Familie. Immer wenn er bei uns im Garten saß, hatte er entweder riesige Bildbände mit italienischer Renaissancemalerei oder mit romanischen Fresken dabei, oder er führte völlig entlegene Renaissancemusik-CDs mit sich herum. Er vergrub sich geradezu in diese »Welt«, die er wegen ihrer »Einfachheit und Schönheit« lobte. Wir studierten bereits (wir haben uns an der Frankfurter Universität kennengelernt) und waren irgendwie beeindruckt. Einmal saß er im Garten und sagte: Da, ein Pirol! Ganz deutlich zu hören, ein Pirol.

Uns ging es wie dem Bekannten auf der Odenwälder Terrasse. Der Garten liegt an einem kleinen Fluß, der Usa, deren Ufer links und rechts von großen Linden gesäumt sind, und als jener Renaissanceliebhaber plötzlich vom Pirol sprach, horchten wir auf die Vögel und hörten nichts als ein völliges Singstimmengewirr. Wir fragten uns, wie kann dieser Mensch in diesem Chaos einen Pirol erkennen?

Übrigens wiederholte sich diese Szene ein oder zwei Jahre später, und wieder fiel aus dem Mund des Mannes im Garten dieses Wort: Pirol.

Das zweite, was uns einfällt: Der jüngere Bruder jenes Freundes, mit dem wir zur Bärlauchstinkzeit mal durch den Donnersgraben gelaufen waren, hatte sich früher für Singvögel interessiert und interessierte sich jetzt für *Krieg der Sterne*. Er hieß Daniel. Wir interessierten uns überhaupt nicht für Krieg der Sterne, hatten aber die Filmmusik davon zu Hause. Daniel besaß eine Vogelstimmenplatte: ›Vogelstimmen. Singvögel unserer Heimat, bei EMI/Columbia‹.

Wir tauschten.

Komisch war, etwas in den Händen zu halten, das von »unserer Heimat« sprach. Daß es in anderen Ländern teilweise andere Singvögel gibt, ahnten wir dunkel. Aber wenn man die Plattenhülle umdrehte und hinten die Liste »unserer« Vögel las, waren schon die mehr als genug:

Amsel, Singdrossel, Rotkehlchen, Kohlmeise, Blaumeise, Fink, Grünling, Zilpzalp, Fitis-Laubsänger,

Grünspecht, Mönchsgrasmücke, Gartengrasmücke, Buntspecht, Nachtigall. Das war auf Seite eins.

Seite zwei: Feldlerche, Wiesenpieper, Stieglitz, Dorngrasmücke, Heidelerche, Heckenbraunelle, Grauammer, Teichrohrsänger, Schilfrohrsänger, Sumpfrohrsänger, Feldschwirl, Rohrammer, Grünfüßiges Teichhuhn, Bläßhuhn.

Uns sagten die meisten Namen gar nichts. (Da hätte auch der Hechelgelbling aus dem Odenwald stehen können, allerdings würden wir uns unter ihm eher einen Falter vorstellen.) Wir legten Seite eins auf, dann Seite zwei. Alles hörte sich mehr oder minder gleich an, genau wie das Singstimmenchaos am Ufer der Usa. Es schien uns völlig unbegreiflich, wie man da jemals Unterscheidung und Erkennbarkeit hineinbringen könne. Und doch hatte der Mann im Garten an der Usa zweimal einen Pirol erkannt. Aus diesem Pirol folgte für uns Jahre später eine herbe Enttäuschung, aber dazu mußte noch einige Zeit vergehen.

Zuerst erkannten wir manche Stimmen, später anhand der Stimmen einige Vögel, die wir sahen, und wir wissen noch genau, daß wir anfänglich auf jener Platte nicht einmal den Gesang der Amsel von dem des Rotkehlchens unterscheiden konnten. Es klang für uns im ersten, zweiten und auch dritten Moment irgendwie gleich.

So begannen wir, über Jahre Vögel zu sammeln. Wir sammelten sie natürlich nicht ein, aber wir suchten nach ihnen und fanden sie manchmal, so daß wir einen Blick auf sie erhaschen konnten. Mit der Zeit wurden Dinge dabei selbstverständlich, die uns vorher unvorstellbar schienen. Einer von uns hat neulich Sanskrit gelernt, und dem anderen ist diese Sprache, weil er sie nicht gelernt hat, nichts als ein Chaos aus Strichen, Bögen und Punkten, eben wie das frühere Singstimmengewirr an der Usa. Wenn wir heute an der Usa sitzen, ist uns das Gewirr sehr vertraut und eben kein Gewirr mehr. Man hört ja sowieso nie mehr als sechs, sieben oder acht verschiedene Vögel gleichzeitig.

Die Enttäuschung war folgende: Wir haben in unserem Garten an der Usa (und einer von uns schlief oft mit den Fenstern auf die Usa hin) nie einen Pirol gehört. Unseren ersten Pirol haben wir im Jahr zweitausendeins morgens beim Aufwachen auf Schloß Wiepersdorf gehört. Wir hörten ihn tagelang. Schloß Wiepersdorf ist ein kleines Schloß in Brandenburg, in dem früher Bettine von Arnim gewohnt hat. Es liegt in einer öden Landschaft mit durchforsteten Wäldern, aber der Park hinter dem Schloß ist eine Oase und einer der schönsten Orte, die man sich denken kann, gepflegt von Herrn Fabisch und Herrn Hauptvogel, den beiden einheimischen Gärtnern. Ein Jahr später hörten wir im Park von Wiepersdorf wieder den Pirol, eine ganze Weile. Wir haben den Garten in Friedberg zu allen Jahreszeiten erlebt, es gab definitiv nie einen Pirol.

Inzwischen sind wir davon überzeugt, daß auch jener alte Familienfreund nie einen Pirol gehört hat (ebenso wie wir davon überzeugt sind, daß die »Welt« der Renaissance und der Romanik nur sehr bedingt etwas mit »Einfachheit und Schönheit« und mit »reinen Formen« zu tun hat, aber das nur am Rand). Was im Maierschen Garten allerdings schon von jeher auffällig war (wenn man diesen Vogel denn erkennt), ist ein geradezu vorbildlich munterer Zaunkönig, der jeden Morgen und jeden Abend schmettert, was das Zeug hält. Es ist natürlich nicht immer ein und derselbe, und unser *erster* Zaunkönig dort ist natürlich längst tot, aber er hat immer würdige Nachfolger gefunden, oder aber es singt und schmettert sich an der Usa einfach besonders gut. Vielleicht hat jener Renaissanceliebhaber damals den Zaunkönig gehört. Als wir gemeinsam im Garten saßen, erkannten wir ihn nicht, also glaubten wir an einen Pirol, obgleich wir in dem Singstimmenchaos nicht einmal eine Einzelstimme isolieren konnten. (Der Gesang des Pirols hat mit dem des Zaunkönigs übrigens nicht die geringste Verwandtschaft.)

Der Zaunkönig ist unser Lieblingsvogel. Er ist ein natürliches Antidepressivum, und er hat in seinem Auftritt etwas Ganovenhaftes, deshalb nennen wir ihn immer *den Ganoven.* Wenn er entdeckt, daß er entdeckt wurde, schwirrt er immer sofort davon und tut dabei so unauffällig wie möglich, als sei er gerade gar nicht da gewesen. Eine Amsel fliegt immer möglichst spektakulär davon, sie stößt ihren Warnruf aus und steigt im Flug nach oben. Der Zaunkönig bleibt ganz unten und duckt sich (metaphorisch gesprochen). Er bleibt sehr lange in seinem Versteck und beäugt einen. Man kann einen Zaunkönig natürlich wunderbar täuschen, indem man seine eigene Position, aus der man ihn erkannt hat, aufgibt und sich ein bißchen zurückzieht. Dann denkt er ziemlich schnell, man sei weg, und kommt wieder zum Vorschein. Wenn man übrigens in sein Bild hineingelaufen ist, ohne daß er das bemerkt, weil er gerade den Kopf zur falschen Seite gedreht hat, dann erschrickt er nicht, sondern scheint einen nicht einmal wahrzunehmen. Er ist ein bißchen dumm, der kleine Ganove. Wir lieben ihn. Prinz von Wittgenstein muß ihn auch lieben, sonst hätte er dem Schwarzgeldkonto der CDU in Liechtenstein nicht genau diesen Codenamen gegeben: Zaunkönig. Im Hessischen Fernsehen war einmal in einer VIP-Sendung mit Holger Weinert ein Porträt des alten Prinzen zu sehen, da hielt er begeistert einen ausgestopften und präparierten Zaunkönig in die Kamera. *Troglodytes troglodytes*. Ein Höhlenbewohner und ein Wort, das auch bei Gottfried Benn vorkommt.

Einen Pirol haben wir noch nie gesehen, er hält sich angeblich meist in hohen Baumregionen auf und ist ängstlich, sich den Niederungen dieser Welt (uns, den Vierfüßlern, den Regenwürmern und so weiter) zu zeigen. Sein Name klingt wie seine Stimme, aber viele Namen von Vögeln »unserer Heimat« sind onomatopoetisch. Das versteht man oft erst dann, wenn man den betreffenden Gesang oder Ruf mit eigenen Ohren gehört hat. Der Fink macht ein ziemlich entschiedenes und gar nicht leises *fink!* Der Zilpzalp macht einfach ständig *zilpzalp* oder *zilpzilpzalp* oder *zalpzilpzilp*. Der Stieglitz hat nicht nur ein lustiges Gesicht und sehr elegante Farben am Leib, sondern er kommt seinem deutschen Namen auch recht nahe, indem er dauernd so etwas wie *stilitt stilitt* macht. Ziemlich leise übrigens, ein geradezu zärtliches Gewisper. Der kleine gelbe Girlitz macht so etwas wie *girliwirrlitziwirrgirrlkrwtlitziglirrwitt*, und zwar im Höchsttempo und geradezu fistelnd.

Das Problem ist natürlich: Wenn man jemandem einen Fink zeigen will, wird dieser Fink in diesem Augenblick wahrscheinlich nicht gerade *fink!* machen, sondern möglicherweise schweigen oder singen. Wir haben erlebt, daß Menschen, die sich mit anderen Dingen sehr gut auskennen, uns ein bißchen zweifelnd anschauen, wenn wir auf einen Fink zeigen und sagen, der Fink heiße so, weil er *fink!* mache, obgleich der Fink gerade gar nicht *fink!* macht, sondern seine Strophe singt, die zugegebenermaßen völlig anders klingt.

Und wenn wir dann noch sagen, daß sich der eben zu hörende Finkengesang sehr gut merken läßt durch den ihn melodiös nachstellenden Satz:

Ich ich ich ich schreibe an die Regiiierung!!

– dann spätestens halten sie uns schon für ein wenig verrückt. Obwohl das alles stimmt und für viele Leute völlig banal ist. Ja, für viele ist vieles sehr banal, was für andere völlig, aber auch völlig unbekannt ist.

Jeder Hesse kennt die Licherbierwerbung. Wir auch. Seit unserer Schulzeit in den achtziger Jahren kennen wir die Licherbierwerbung, denn im Raum um Lich und heute bis Frankfurt plakatiert die Licherbrauerei sehr gern. Den Vogel auf diesen Plakaten werden nicht alle benennen können. Und von denen, die wissen, daß es sich um einen Eisvogel handelt, haben die meisten einen Eisvogel höchstens im Vogelkundebuch oder im »Kosmos-Naturführer« (Heimat und Führer!) gesehen.

Einer von uns beiden hat einmal ein völlig unwichtiges Erlebnis gehabt, das uns Jahre später aber doch bemerkenswert wurde. Er lief an der Usa entlang, er joggte, es muß Anfang der neunziger Jahre gewesen sein, als wir noch keine Vögel kannten außer denen der Amsel-Spatz-Tauben-Kategorie. Irgendwann löste sich ein kleiner Vogel vom Ufer, und dem Betrachter schien es, als müsse irgendein Tierquäler (auch die gibt es in der Wetterau, einem Land der Bauern und Felder) diesem Vogel mit einem Spray einen Streifen über den Rücken gezogen haben, das man gewöhnlich dafür benutzt, um seinen BMW oder seinen Audi blaumetallic zu färben.

Der Betreffende joggte weiter und erzählte zu Hause die Geschichte vom höchstwahrscheinlich gequälten Vogel. Jedem im Maierschen Garten war offenbar klar (!), daß es sich um ein unnatürliches Phänomen handelte. Man hielt das für seltsam und vergaß es. Erst Jahre später lernten wir, wie gesagt, die Vögel ein bißchen näher kennen. Viele haben wir nie gesehen! Einen Kuckuck nie. Einen Wiedehopf nur neulich im Traum (justament in jenem Odenwälder Landgasthof). Und man entwickelt Sehnsüchte. Jahr um Jahr hatten wir nie einen Eisvogel gesehen. Einer von uns stand einmal in einem Vogelschutzgebiet nahe dem Hafen von Friedrichshafen am Bodensee und wartete stundenlang an einem Wasserlauf auf einen Eisvogel. Nichts. Nie. Oft sagten wir: Wir haben noch nie einen Eisvogel gesehen, und vermutlich werden wir nie einen sehen. Erst Jahre nachdem uns der Unterschied zwischen einer Tannenmeise und einer Kohlmeise und einer Haubenmeise und einer Blaumeise schon völlig selbstverständlich war, fiel uns plötzlich jener Vogel mit dem Blaumetallic-Streifen auf dem Rücken ein, und sofort konnten wir sagen: Einer von uns hatte bereits einmal einen Eisvogel gesehen. Aber er hat es damals nicht gewußt.

Es hat dann noch Jahre gedauert, bis es soweit kam, und wie immer bei unprofessionellen Beobachtern sieht man das Gesuchte erst dann, wenn man es nicht erwartet. Vor einiger Zeit zog einer von uns nach Tübingen. Inmitten des Neckars gibt es dort eine langgestreckte Insel, dem berühmten Hölderlinturm gegenüber, mit einer großen Platanenallee. Wir liefen dort entlang und redeten irgend etwas, vermutlich über Mandarinenten (die es dort zahlreich gibt) oder über die Biberratte (*Nutria*), die einer von uns im Wasser erkannt zu haben glaubte, und am anderen Ufer sahen wir ihn plötzlich, den Eisvogel. Das erste, was einem klar wird, wenn man einen Eisvogel erblickt, ist, daß er so auffällig ist, daß man gar nicht nach ihm zu suchen braucht. Wenn einer da ist, sieht man ihn auch. Unser Eisvogel tat das, was er schulbuchgemäß tun sollte, nämlich auf einem Ast sitzen, ins Wasser spähen, losfliegen, abtauchen, wieder hochkommen. Aber man sieht ihn nicht nur, wenn er sich bewegt. Seine Farben stechen einfach sehr hervor und wirken fremd im Bild. Als er uns bemerkte, flog er in einem tiefen Strich davon, so daß er ein wenig an unseren Ganoven (den Zaunkönig) erinnerte. Weiter war festzuhalten: Er ist etwas größer, als wir ihn uns vorgestellt hatten. Später liefen wir oft über die Insel und sahen ihn wieder. Manchmal schoß er in hohem, elegantem Bogen über uns hinweg, manchmal flog er immer weitere Strecken von uns fort. In Brixen haben wir ein ähnliches Fluchtmanöver bei einer Wasseramsel im Eisack gesehen (ein sehr witziges Tier, es macht andauernd Knickse). Man läuft ihr am Ufer hinterher, und sie fliegt zehn Meter weiter. Dann läuft man ihr auch diese zehn Meter hinterher, und sie fliegt wieder ein Stück weg. Das geht so eine Weile, und plötzlich fliegt sie hundert Meter zurück. Der Betrachter ist anschließend leicht verärgert und fühlt sich wie ein Idiot. Auch mit einer Bachstelze haben wir das erlebt.

Unser Bekannter auf der Odenwälder Terrasse schaute auf den Kleiber, der für ihn ein Spatz war, und fragte: Also, woran erkennt ihr, daß das ein

Kleiber ist? Wir: Der Kleiber ist der einzige Vogel, der auf einem Baum oder Ast auf und ab läuft. Er: Aha. Und was ist mit einem Specht? (Er hatte nie einen Specht gesehen, wußte aber, vermutlich von Kindheit an, daß Spechte Löcher in Bäume hacken und sich also folgerichtig in bzw. an Baumstämmen aufhalten.) Wir: Ein Specht kann, wie auch ein Baumläufer, nur nach oben klettern. Der Baumläufer läuft den Stamm nach oben, dann läßt er sich an ihm herunterfallen, dann läuft er wieder hoch. Unser Bekannter sah, daß der Kleiber augenscheinlich auf und ab lief. Wir: Dann der markante Strich an den Augen. Er: Und wie singt der? Wir: Verschieden. Laut. Manchmal klingt er wie ein Hubschrauber, zumindest haben wir uns das anfänglich so gemerkt.

Beim Kleiber war es nämlich so, daß wir ihn, damals in der Brixener Platane, zwar zum ersten Mal gesehen, aber noch nicht gehört hatten. Einer von uns wurde allerdings kurze Zeit später, es war an einem Karfreitag, in einem Gehölz auf dem Elvaser Hügel bei Brixen von einem markanten, lauten Gesang überrascht, der ihn an ein Rotorengeräusch erinnerte. Er versuchte sich den Gesang und den Klang der Stimme möglichst lebendig einzuprägen, und zu Hause hörten wir uns CDs an, bis wir auf den Kleiber stießen.

In vielen Vogelbeobachtungsbüchern wird genau das vermerkt: Ein vollständigeres, lebendigeres Bild von einem Vogel bekommt man erst nach und nach. Vom Tübinger Eisvogel haben wir erst bei der dritten Begegnung den Blaumetallic-Streifen auf dem Rükken zu sehen bekommen, das erste, was einer von uns Jahre zuvor je von einem Eisvogel gesehen hatte, ohne zu wissen, daß es ein Eisvogel war, weil er bis dahin nicht einmal das Wort Eisvogel gekannt hatte, sondern nur die Worte Spatz, Taube, Amsel und vielleicht Specht und Kuckuck. Alle Vöglein waren ja schon immer da, nur wußten wir es nicht.

Also sagten wir unserem Bekannten vor dem Birnbaum, der Kleibergesang sei vergleichbar mit einem Rotorengeräusch. Er fand das sehr seltsam. Dann erzählten wir noch, daß der Name Kleiber nicht von klauben kommt, wie viele glauben (der Kleiber klaubt sich kleine Tiere etc.), sondern von kleben, weil er seine Nestlöcher zuklebt.

Natürlich ist auch folgendes der Fall: Die Menschen, die nur das Wort Specht kennen, ohne einen Specht zu kennen, denken oft, sie hörten einen Specht klopfen, dabei ist es ein Kleiber. Warum macht ihr das, fragte unser Bekannter, warum interessiert ihr euch dafür? Seid ihr Naturliebhaber? Wir wußten keine Antwort. Wir konnten nur sagen, daß es a) einfach irgendwann so geschehen war und daß

b) er sich nicht beeindrucken lassen solle, denn wir wüßten vergleichsweise gar nichts, wir hätten in unserem Leben nicht einmal einen Kuckuck oder einen Wiedehopf gesehen (es sei denn im Traum).

Vielleicht hat es mit Sehnsucht zu tun. Sehnsucht nach etwas, wie es sein sollte, aber nicht ist. Wir müssen gestehen, daß wir oft fassungslos vor einem Gamander-Ehrenpreis stehen. Aber warum? Unser Freund sprach von Naturliebhabern. Doch was ist das überhaupt, Natur? Was ist das Gemeinsame an dem, worüber wir hier schreiben? Wieso subsumieren wir einerseits einen Hund nicht unter diese Naturkategorie, aber einen Dachs? Wenn wir hier von »Spaziergängen durch die Natur« erzählen, dann ist schon diese Wortwahl genaugenommen Unsinn. Wir laufen gern über die Skiwiesen in Bad Nauheim (alles voller Ehrenpreis), aber wir laufen damit durch ein künstliches Gebilde, eine Parklandschaft, einen Landschaftspark. Dennoch gehen wir gern dort hin. Was wollen wir an jenem Ort finden? Was versuchen wir dort zu finden, was wir in einem Haus oder auf einer Bundesstraße oder am Frankfurter Flughafen nicht zu finden versuchen? Nein, es ist nicht Stille, Schönheit oder einfach: Natur. Es ist etwas vollkommen anderes. Es ist schon kaum möglich zu sagen, was Natur ist und was das Gegenteil davon, aber selbst wenn man den Begriff ganz unscharf gebraucht, dann ist Natur oft weder schön noch still.

Neulich hat einer von uns ein Kalb geführt. Im Wendland. Das war nicht schön. Es kostet Kraft, Überwindung und macht Streß. Schon die Anwesenheit einer Rinderherde macht uns angst. Allzu große Pilze finden wir mitunter geradezu ekelhaft. Junge Menschen sind dagegen oft wie ein Gamander-Ehrenpreis. Alles geht durcheinander, man kann diesen Begriff Natur eigentlich nicht verwenden. Wir haben keine Sehnsucht nach Natur. Wir haben Sehnsucht nach etwas, das teilweise in ihr zu finden ist, aber teilweise offenbar auch in den Menschen, nämlich indem sie z. B. so etwas wie die Skiwiesen in Bad Nauheim angelegt haben.

Das Wort *Natur* meint etwas, das gezeugt wurde und gewachsen ist. Aber selbst wenn wir von dieser Bedeutung ausgehen, kommen wir nicht weiter. Es ist mitunter schön, einen Menschen heranwachsen zu sehen, einen Baum, es ist selten schön, einen Pilz heranwachsen zu sehen, nicht nur für uns. Offenbar ist es so: Je schneller etwas wächst, desto ekelhafter kann es werden. Wenn man einem Ding sein Wachstum ansieht, dann ist das irgendwie komisch. Wenn die Zucchini schießen! Man läßt sie drei Tage allein, und plötzlich liegen riesige Zeppeline im Garten. Daß das Natürliche (was auch immer das heißt) schön sei, weil es natürlich ist, kann nicht sein. Es muß, wie gesagt, etwas anderes sein.

Die Philosophen haben sich um den Begriff einige Gedanken gemacht, aber sie helfen uns nicht weiter, denn wir sind keine Philosophen. Wir denken diffus, es ist nicht einmal ein Denken, sondern eine Mischung aus Denken und Fühlen und bloßen Geschmacksurteilen, die möglicherweise keine Grundlage haben und sich wahrscheinlich sogar selbst widersprechen. Ein Philosoph ist damit beschäftigt, wahre Sätze zu finden, wir nicht. Wir können das gar nicht. Aber wir bemerken doch, daß der Begriff *Natur, natürlich* so undeutlich und schwammig ist, daß wir ihn eher nicht gebrauchen mögen. Ist z. B. ein Yorkshireterrier natürlich? Ja, klar. Er lebt, er läuft, er verdaut. Was unterscheidet ihn von einer Meise? Daß er menschgemacht ist? Daß er ohne Menschen nicht denkbar ist? Aber die Bad Nauheimer Skiwiesen sind ohne den Planer auch nicht denkbar, und ohne die Landschaftsgärtner des neunzehnten Jahrhunderts, die dort Hand angelegt haben, auch nicht. Und dennoch gehört der Yorkshireterrier für uns nicht in die Kategorie Ehrenpreis, Singvogel, Sonnenuntergang, sondern eher in die Kategorie Kaufhaus, Verkehr, Menschen. Menschen nicht als die, die blühen, sondern als die, die fahren, wollen, kaufen, handeln, zielstrebig sind, kurz, als die, die die Welt nicht so sein lassen, wie sie ist. Die Menschen haben ein Ziel, und also kommen sie an der Welt vorbei. Sie steigen in ihr Auto, öffnen die Garage, deren Tor man mit einem Lastwagen geliefert hat, dessen Teile seinerseits von Lastwagen angeliefert wurden, die aus Firmen stammen, deren Teile ebenfalls von Lastwagen angeliefert worden sind, Firmen, zu denen jeden Morgen Menschen mit ihren Autos fahren, die aus Firmen stammen, in denen die Teile von anderen angeliefert werden, in jeder Schraube des Garagentors stecken Hunderte und Hunderte von Kilometern passierter Welt, und also öffnet man sein Garagentor und fährt hinaus und an der Welt vorbei nach, sagen wir, Herborn, um dort einen Yorkshireterrier zu kaufen, an dem man sich dann freut, weil man es so gewollt hat, oder an dem man sich nicht freut, obwohl man es so gewollt hat, denn sonst hätte man ihn nicht gekauft. Dagegen steht der Ehrenpreis, er steht einfach da und läßt die Welt an sich vorbeiziehen, und wenn man ihn im Auto passiert, wird man ihn nicht sehen, wie man nichts sieht, wenn man es im Auto passiert. Aber man muß ja, denn man hat ein Ziel, und also passiert man die Welt. Man muß zum Beispiel Yorkshireterrier kaufen. Menschen verdienen mit ihnen Geld und zahlen damit ihre Versicherungen und ernähren ihre Kinder, die sie mit dem Auto von der Schule abholen, als sei das natürlich.

Vielleicht wird klarer, warum wir den Yorkshireterrier (es könnte auch ein Beagle sein oder ein Dackel oder ein Wellensittich aus der Zoohandlung) nicht unter die Kategorie Ehrenpreis zählen, sondern unter die Kategorie Mensch, nicht insofern er blüht oder stirbt oder schaut oder sich genügt, sondern insofern er will und strebt und kauft.

Das Blumenbuch

So wie wir dieses Buch hier mit Ehrenpreis begannen, so fingen wir auch vor Jahren unser sogenanntes Blumenbuch mit Ehrenpreis an (*Veronica officinalis*, im Volksmund Köhlerkraut, Männertreu, Viehkraut, Wundkraut, Ehrenkranz, Grundheil, Heil aller Welt … was für Namen!).

Das Blumenbuch ist das einzige Tagebuch, das wir je geführt haben. Menschen kommen darin nicht vor. Es ist kein normales Tagebuch, sondern hält nur in Form minimaler Notizen fest, wann wir was zum ersten Mal wo im Lauf des Jahres gesehen oder wo wir etwas in besonders auffälliger Form oder Lage entdeckt haben. Es verzeichnet folglich lediglich Begegnungen mit (u. a.) Ehrenpreis, Kleiber und Birnbäumen (der Vorsatz »Blumen« ist ein *pars pro toto*; es kann auch ein Dachs darin stehen oder ein Maronenbaum oder der Fuchs, den wir vor drei Wochen im Odenwald gesehen haben, im Bullauer Wald, unser zweiter Fuchs nach Wiepersdorf in Brandenburg. Der in Wiepersdorf war leuchtend rot, dieser hier eher grau und mit einem auffällig dunklen Kringel am Schwanz).

Die Notizen im Blumenbuch sind ähnlich minimal wie die im Tagebuch Wilhelm Raabes. Raabes Tagebücher kommen fast ohne Gedanken aus. Sie verzeichnen, was Raabe gearbeitet hat, wie er geschlafen, wen er getroffen, was er gegessen hat und wie das Wetter war. Natürlich wird das vielen ganz sinnlos scheinen. Wilhelm Raabe konnte immer nachschauen, was er, sagen wir, am fünften September achtzehnhundertsechsundachtzig gegessen hatte und wie das Wetter war. Was ihm das bedeutete, werden wir nie erfahren, und was uns dieses Blumentagebuch bedeutet, kann man auch nur schwer sagen. Vermutlich haben wir es angefangen, um, wie gesagt, festzuhalten, wann was im Jahr erscheint bzw. zum ersten Mal von uns gesehen wurde. Wann es also war, das erste Mal.

Raabe hat kaum einmal sein eigenes Sehnen und Wollen, seine Freuden und Leiden oder sein Denken über die Welt in das Tagebuch geschrieben, sondern nur seinen äußeren Tagesablauf notiert. Der war nicht sonderlich spannend. Diese *Enthaltsamkeit sich selbst gegenüber* fällt natürlich bei einem Blumentagebuch viel leichter. Blumen fordern nichts, und wir müssen uns ihnen gegenüber nicht behaupten. Raabe mußte, zum Beispiel, Krautwickel verdauen, vielleicht fiel ihm das nicht leicht, das könnte in seinem Tagebuch dann folgendermaßen klingen: *Am soundsovielten um soundsoviel Uhr Krautwickel mit Kartoffeln und reichlich Bratensauce gegessen. Nachts schlecht geschlafen. Um zwei Uhr Natron.*

So oder ähnlich könnte es bei Raabe sein. Hätte der dicke Stifter ein Tagebuch wie der schlanke Raabe geführt, dann würden wir heute erschrecken. Aber das nur am Rand. Stifter aß am Tag zu besten Zeiten das, was wir in einer Woche essen. Bei Übergewicht hätten ihm vielleicht Maistee und Wegwarte helfen können, bei Übelkeit Weißdorn und Schafgarbe, bei übermäßigem Tränenfluß eine Teemixtur aus Augentrost, Baldrian, Benediktwurzel, Fliederblüten, Frauenmantel, Kamille und Raute (wie wir es in einem Buch im Nachlaß einer Homöopathie-Fanatikerin gefunden haben).

Diese Kräuterheilkunde (Verlage machen heute große Umsätze damit) verbindet man derzeit gerne mit Hildegard von Bingen, deren Devotionalien gegenwärtig in jeder Bahnhofsbuchhandlung zu kaufen sind und die allgemein als ein beschaulicher Charakter dargestellt wird, Hildegard im Kräutergarten am Rheinufer, Hildegard in ihrer Betstube bei mystischen Erfahrungen, oder gar: Hildegard als moderne Frau. Wir haben Hildegard eher als Anklägerin kennengelernt, aber davon ist in den Buchhandlungsdevotionalien nichts zu lesen:

»Und ich hörte, wie sich mit einem wilden Schrei die Elemente der Welt an jenen Mann [gemeint ist Christus] wandten. Und sie riefen: ›Wir können nicht mehr laufen und unsere Bahn nach unseres Meisters

Bestimmung vollenden. Denn die Menschen kehren uns mit ihren schlechten Taten wie in einer Mühle von unterst zu oberst. Wir stinken schon wie die Pest und vergehen vor Hunger nach der vollen Gerechtigkeit.‹« (Hildegard von Bingen)

Zurück zu Raabe und Stifter. Stifter ist der typische Schafgarbentyp. Raabe dagegen war schlank und nervös, und gegen Nervosität hilft Ehrenpreis. Raabe war dazu, wie es so schön deutsch heißt, schwermütig, heute würde man es vielleicht depressiv nennen. Bei Schwermut wie bei Nervosität hilft natürlich Ehrenpreis. Vielen hilft ein Arzt, und früher sind sie lediglich zum Pfarrer gegangen.

Sehnsucht und Schwermut, die gleichen Vokale.

Demut auch.

Einmal war einer von uns beim Arzt, am Anfang des Schreckens, etwa mit siebzehn, da kannten wir uns noch nicht, da war der eine noch in der Wetterau und der andere in Mühlheim am Main. Der Arzt verordnete Tabletten und malte dem Betreffenden von uns die Hölle auf Erden aus, wenn er nicht *Einsicht in seine Depression* bekomme und sich *therapiebereit* erkläre.

Therapiebereit, was für ein Wort! Ein heutiges *Heil aller Welt!?*

Der Betreffende von uns schluckte seine Tabletten nicht. Auch später hielt der ein oder andere Arzt ihm immer mal wieder mit Drohgebärde Tabletten hin. Aber therapiebereit war er nie. Der erste Arzt ist heute lange tot, er hat aber vor seinem Tod noch einige Menschen aus unserer Umgebung ruiniert und in den Abgrund getrieben und sie jahrelang in Kliniken versteckt, weil sie sich *therapiebereit* erklärten und schließlich an ihre Depressionen glaubten und an ihren *klinischen Befund*, dabei waren sie schwermütig und hätten auch zum Pfarrer gehen können, an den sie aber nicht mehr glaubten, und deshalb gingen sie in die Klinik, um krank zu werden, nicht von der Welt allein, sondern auch noch von den Kliniken und den Ärzten.

Raabe hat das noch nicht gekannt, aber möglicherweise geahnt. Er würde heute unzweifelhaft für verrückt erklärt, man würde ihn für einen radikalen Ökoterroristen halten, für einen Zivilisationshasser fundamentalistischster Art, man würde ihn für einen halten, der nichts und niemanden in Ruhe läßt mit seiner Prosa, dabei wollte er doch nur selbst in Ruhe gelassen werden und wollte, daß die Welt in Ruhe gelassen wird, und zwar von den Menschen. In *Pfisters Mühle* beginnt die Erzählung völlig romantisch in studentischer Biergartenatmosphäre, später endet der Text in einer Chemohöllenfabrik, die den gesamten Flußlauf vergiftet, und das schrieb Raabe achtzehnhundertvierundachtzig, als hätte er den Lauf der

Dinge (der Menschen) noch ändern können, der ja nie zu ändern war. In *Meister Autor* gibt es eine der traurigsten Szenen deutscher Literatur, nämlich als mitten in einem Garten Landvermesser auftreten, die dort einen neuen Stadtteil planen, wo eben noch Taxus, Grün und Sonne waren.

»›Was ist denn aber das?‹ fragte der Meister Autor, vor einer rotweißen Stange stehenbleibend, die mitten im Wege zwischen dem Grün, den Blumen, unter den summenden Bienen, den flatternden Schmetterlingen und den grauen Steinbildern im Boden stand.«

Da steht sie da, einfach und final, die rotweiße Stange des Stadtbauamts.

Und als andere von Vögeln schrieben, schrieb Raabe davon, daß die Vögel weg sind, nämlich weil die Städte wachsen und das Licht sie vertreibt. Lichtsmog, das Wort kannte Raabe noch nicht, aber bereits die Sache. Wobei *Sache* ein Euphemismus ist. Es sind ja immer Menschen, die das machen.

Wer einen anderen, um nicht zu sagen einen besseren Blick auf die Welt und die Menschen bekommen möchte, der lese mal nicht die Frankfurter Allgemeine oder DIE ZEIT im Café und setze sich dann vor den energiebetriebenen Bildschirm oder ins energiebetriebene Kino, sondern der gehe im November ins Wendland und setze sich mit den *Akten des Vogelsangs* (Raabe) auf die Straße. Dort lese er und lese, bis die Polizei kommt, denn man hat dort Zeit, lange Zeit, bis es gefährlich wird. Das Sitzen dort ist sehr kalt, kostet aber keinen Strom und produziert kein Plutonium. Wenigstens produziert der Mensch, wenn er im Wendland auf der Straße sitzt, auf die Castoren wartend (und vielleicht Raabe lesend), kein Plutonium. Denn täuschen wir uns nicht: Wir schalten zu Hause das Licht an, *wir*, als sei das natürlich, und kaufen dadurch Strom und produzieren einen Stoff, den sie noch in hundertzwanzigtausend Jahren von der Welt (der, wie sie es nennen, »*Biosphäre*«) technisch abschließen wollen, weil sie es müssen. Als sei das natürlich. Jedes unserer Frühstückseier wird erst in Hunderttausenden von Jahren abbezahlt sein.

Biosphäre, das heißt ja auch nur Lebensraum und ist auf deutsch ein Hitlerwort.

Es gibt nichts Einfacheres als die Wahrheit, aber sie langweilt, weil sie jeder kennt, deshalb kann man aus ihr keinen Diskurs machen. Wahrscheinlich gilt Raabe deshalb als todlangweiliger Dichter. Die Leute rennen ja in Scharen davon, wenn der Name Raabe fällt, auch im Wendland. Schlimmer noch als bei Stifter, der heute wenigstens noch den einen oder anderen öffentlichen Fürsprecher hat. Und beide hätte vielleicht der Ehrenpreis kurieren können. Aber hat er *uns* je kuriert? Das *Heil aller Welt?!*

Zurück zu unserem Tagebuch. Den ersten Eintrag ins Blumenbuch machten wir an einem einunddreißigsten März. Wir waren in Südtirol und hatten das Notizbuch in einer Papierhandlung in den Brixener Lauben gekauft. Wir hatten es ohne bestimmte Absicht gekauft, es war das gleiche Notizbuch, das damals jeder kaufte, Moleskine, es nannte sich, glauben wir uns zu erinnern, auf der Bauchbinde *Cézannes Skizzenbuch*. Oder war es Monet? Am selben Tag machten wir einen Spaziergang von Sankt Andrä über Sankt Leonhard und Karnol bis Brixen hinunter. Das war, wie gesagt, ein Gang noch früh im Jahr. Eigentlich begann das Jahr für uns immer mit Ostern, genauer gesagt, eigentlich immer mit dem Karfreitag. Aber am einunddreißigsten März war schon fast alles da. Zu Hause notierte einer von uns aus dem Gedächtnis ins Buch:

»Weiße und hellila Krokusse, Buschwindröschen, Frühlingsfingerkraut, eine Dolde gelber Hornklee, eine Wiesenwitwenblume, vereinzelte Büsche roter Lichtnelke in grüner Fettwiese mit Löwenzahn in Massen, ein fast geöffnetes Köpfchen Rotklee, Miere, Vergißmeinnicht, ganz kleine Butterblumen, Immergrün, Waldgelbsterne, hohler Lerchensporn (violett und weißlich), kriechender Günsel, Gundermann, Waldveilchen und *Viola odorata*, Hirtentäschel, Huflattich, Gänseblümchen und Ehrenpreis,

Erika, eine Nelke, also schon fast alle Frühlingsblumen! besondere Vögel: Girlitz, Stieglitz.«

Das sind keine außergewöhnlichen Pflanzen und Vögel, aber darum ging es nicht. Der Weg, auf dem wir das alles gesehen haben, ist einer, den wir immer und immer wieder gegangen sind, zu verschiedenen Jahreszeiten, aber ganz besonders ist er zu einem Frühjahrsanfangsspazierweg für uns geworden. Im Jahr darauf haben wir, sagt uns das Blumenbuch, zumindest die Pflanzen wieder ganz genauso vorgefunden. Sie waren nicht zahlreich und noch ganz klein, aber alle schon da! Und doch hat uns jede wie immer überrascht.

Jener einunddreißigste März war ein sehr kalter, aber sonniger Tag, fast noch ein Wintertag. Wir fuhren mit dem Bus von Brixen nach Sankt Andrä hinauf. Das liegt etwa neunhundert Meter hoch, ein kleiner Ort, die Talstation eines Skiliftes. Ende März gibt es dort immer noch Skifahrer, die man auf den notdürftig zusammengekarrten Schneeresten herunterkommen sieht. Neben ihnen wird die Wiese schon frisch und überzieht sich mit einem ersten Hauch von kleinen Blumen, aber sie stiefeln noch über die Holzveranda mit ihren eigentümlichen Bewegungen und sind in sich und ihrem Restschnee und ihrer Restwinterwelt gefangen wie Lichtstrahlen in einem Prisma, mit ihren roten und gelben und blauen Mikrofaseranzügen. Natürlich sind sie nichts als ein Wollen, ein Dürfen-Wollen, alles ist ihnen selbstverständlich, als könne die Welt so sein, nur der Frühling um sie herum, der sich ankündigt, bedroht sie und verheißt ihnen Abschied, und dabei wollen sie ihre Anzüge noch nicht verlassen, weil sie sich darin geborgen fühlen. Ein raabewürdiges Bild: hier der Ehrenpreis, die Blüte kaum einen halben Zentimeter groß, und da Einmeterachtzigfiguren in blauen und roten und gelben Anzügen neben zwei Meter großen Lautsprecherboxen auf zehn Meter langen Holzbohlen mit Kiosk und Jägermeisterauslage.

Und wir drehen uns ab. Weiter den Weg!

Man kommt auf unserem Weg zuerst noch ein wenig durch den Ort, an einem Gasthof vorbei, in dem es neben der nationalistischen *Pasta Tricolore* auch gefüllte Kartoffelteigtaschen gibt, dann weiter durch das stetig wachsende Neubaugebiet endlich in den Wald hinein.

Der Waldrand ist unsere erste Station, an der wir länger stehenbleiben. Oben in den Kronen der Nadelbäume auf der rechten Seite der Straße fliegt ein Schwarm von Vögeln hin und her, etwas größer als Amseln. Kontinuierlich stoßen sie laute, leicht krächzende Schreie aus. Aber wir können von unten nicht erkennen, welche Vögel es sind. Diese Erfahrung haben wir oft gemacht; man erspäht, daß da etwas in den oberen Baumregionen ist, und hofft, Beharrlichkeit zeichne sich aus; also reckt man sich und legt den Kopf in den Nacken, bis fast eine Genickstarre eintritt und einem schwindelig wird. Und doch hat man nichts deutlicher erkannt. Erst nach einer Reihe solcher Mißerfolge kommt man zu der banalen Erkenntnis, daß das menschliche Auge, und zwar bei allen möglichen, auch bei günstigen Lichtverhältnissen, nicht dazu geschaffen ist, zu erkennen, was sich, etwa amselgroß, fünfzehn Meter senkrecht über ihm in einem Dickicht von Tannennadeln oder Blättern bewegt. Seitdem unterlassen wir solche Versuche und gönnen diesen Vögeln ihr *incognito*. In diesem speziellen Fall dachten wir noch, wir könnten auf der anderen Straßenseite mehr Glück haben (an der Hangseite), wo man die tiefer liegenden Baumspitzen besser einsehen kann. Aber die Vögel taten uns den Gefallen nicht, sie blieben, trotz eifrigem Hinundher, stets in den Wipfeln der Bäume an der Bergseite. Später allerdings haben wir noch an drei anderen Stellen Vögel in ähnlicher Höhe, mit ähnlichem Verhalten und ähnlicher Stimme erlebt, und irgendwann war uns klar, daß es sich um Wacholderdrosseln handeln mußte und auch hier, am Ausgang Sankt Andräs, mit Sicherheit um solche gehandelt hatte. (Wiederum, wie beim Eisvogel: Man muß lernen zu warten, bis die Dinge sich zeigen. Man kann es nicht wollen. Wollen hilft nichts.)

Unser Weg verläßt nun bald die Straße und führt durch den Wald bis nach Sankt Leonhard. Wir nennen diesen Weg manchmal den Abenteuerweg, weil er über Stock und Stein führt und man sich auf ihm die Knochen brechen könnte, auch wenn er stets lediglich zehn oder fünfzehn Meter neben der Straße entlang verläuft. Aber er bietet auch wirkliche Abenteuer (zumindest für uns). Wir haben hier unsere ersten und einzigen Birkenzeisige gesehen, und zwar tatsächlich in Birken (ebenso wie wir Erlenzeisige auch immer in Erlen, einmal allerdings auch in einer Birke gesehen haben)! Es waren vier oder fünf, gestrichelt in Rot und Eierschalfarbe, wie aus dem Lehrbuch, die wir von einem geschützten Winkel aus mit angehaltenem Atem lange beobachten konnten. An ein weiteres Erlebnis, vielleicht unser eindrucksvollstes überhaupt, müssen wir immer dort denken, wo der Waldweg auf eine kleine Wiese mündet. Aber zuvor haben wir noch einige kleine Wasserläufe zu überqueren, an denen zur Sommerzeit Massen des hohen Drüsigen Springkrauts stehen, das schöne violett leuchtende Blüten hat, aber unbeliebt ist, weil es, vor fünfzig Jahren aus Indien hergekommen, einheimische Florabestände verdrängt.

(Es gibt mittelalterliche Allegoresen, die von den Geschehnissen der Natur auf die Eigenart der Welt schließen. Eine solche würde hier vielleicht die Erkenntnis ableiten, daß in der Welt stets das Exotische und Auffallende aggressiven Wesens ist und das Unscheinbare und Demütige verdrängt. Ein weiteres Beispiel wäre die Kanadische Goldrute, die dem Namen nach aus Kanada kommt und nun unser Land gelb färbt. Aber die Allegorese hätte natürlich nicht recht. Sonst gäbe es mehr Eisvögel und weniger Spatzen. Und wir hätten einen Wiedehopf nicht nur im Traum gesehen.)

Aber jetzt zu unserem Erlebnis, also dorthin, wo der besagte Waldweg auf die kleine Wiese mündet, unterhalb Burgstalls, eines steil gelegenen Gehöfts in der Nähe Sankt Leonhards. Wir sahen dort unser allerserstes Goldhähnchen! Am Waldrand hatte es aus einer Tanne direkt in Augenhöhe mit uns herausgelugt, es war ganz still und ruhig. Und wir dachten bis dahin, wir bekämen in unserem Leben mit Sicherheit niemals ein Goldhähnchen zu Gesicht. Einfach weil es zu schön wäre. Bereits in den Vogelbestimmungsbüchern ist uns das Goldhähnchen besonders aufgefallen: mit seiner Gestalt wie ein kugeliger Wattebausch, der goldfarbenen Krone auf dem Kopf (daher der Name) und vor allem mit seinen großen, runden und dunklen Augen.

Was hatten wir für eine Sehnsucht, einmal, nur einmal ein Goldhähnchen zu sehen, und wir hätten doch nie damit gerechnet. Alles kommt immer unverhofft.

Wir haben seit diesem Tag übrigens sehr viele Goldhähnchen gesehen, an ganz verschiedenen Orten, sie lassen sich, wie wir gemerkt haben, entgegen den Angaben in den Vogelbestimmungsbüchern sehr gut beobachten, halten sich keineswegs immer nur in höchsten und dichtesten Baumspitzen auf, sondern fliegen gern in ihrem Rüttelflug an den äußeren Spitzen von Tannen umher und laufen sogar dann und wann längere Zeit auf dem Boden herum. (Laufen oder hüpfen, wie man es nennen will.) Später hat einer von uns oft ein Goldhähnchen von seinem Balkon aus im Hinterhofgarten mitten in Frankfurt gesehen, und der andere ebenso in seinem Garten in Bad Nauheim, und einmal mindestens sieben gleichzeitig in einem Baum auf der Straße vor seinem Haus. Auch in einem Busch im Bad Nauheimer Kurpark, der von Siesmayer angelegt worden ist wie der Palmengarten in Frankfurt, haben wir einmal eine halbe Stunde lang ein und dasselbe Goldhähnchenpaar beobachten können. Auf dem Friedberger Friedhof in der Nähe des Familiengrabs haben wir einen ganzen Schwarm gesehen, von Baum zu Baum ziehend. Und dann wieder sehen wir jahrelang kein Goldhähnchen.

Das erste Goldhähnchen war solch ein Glück, auch wenn das Wort Glück in diesem Zusammenhang vielleicht peinlich ist, daß wir bis heute davon zehren, auch wenn *zehren* ein ebenso peinliches Wort ist in diesem Zusammenhang, und wenn wir heute wieder an der Stelle vorbeikommen (so auch damals an jenem einunddreißigsten März, denn wir hatten das Goldhähnchen einige Jahre vor dem Beginn des Blumenbuchs gesehen), dann ist es, auch wenn es keiner ausspricht, immer so, daß wir gespannt sind auf diese Stelle und irgendwie erwarten, genau dort wieder dem Goldhähnchen zu begegnen, auch wenn dieser Fall nie eingetreten ist. Wir denken dennoch beide stets, daß die Möglichkeit bestehen könnte, und sind immer ein klein wenig enttäuscht, wenn das Goldhähnchen nicht da ist. Auch wenn dort nie mehr ein Vogel war, es bleibt für uns eine ganz besondere Stelle.

Aber der Zufall entschädigt einen meist. Gerade weil wir am Ort unserer ersten Goldhähnchenbegegnung immer besonders aufmerksam sind, haben wir dort schon vieles andere gesehen, an dem wir sonst vielleicht vorbeigelaufen wären, etwa die kleinen weißen Krokusse, die einmal dort noch sehr in der Wiese versteckt waren …

In jeder einzelnen Wahrnehmung ist die nächste, genauere Wahrnehmung irgendwie schon enthalten, jede einzelne Beobachtung also öffnet für neue, so daß ein immer vollständigerer Austausch mit dem, was um uns herum ist, stattfinden kann. Bei unserer St. Andräer Runde haben wir das jedenfalls oft so gedacht.

Also weiter: zunächst wieder auf die Straße, vorbei an einem Bauernhaus, dessen privates Schwimmbad auf seltsame Weise mit dem kleinen, im Frühjahr mitunter reißenden Gebirgsbach kontrastiert, der ihn umgibt. Das ist ja geradezu ein Urlaubs- oder sogar ein Aussteigertraum, ein solches Haus auf eintausend Meter Höhe in völliger Stille, bei gleichzeitiger Autoanbindung ans Tal. Vor allem wichtig: die Autoanbindung. Wir sind aber keine Aussteiger, die, wenn sie dort wohnten, natürlich ein Auto bräuchten, um gleich wieder einzusteigen, damit es sie regelmäßig in die Stadt und unter Menschen bringt, als sei das natürlich und als könne die Welt so sein.

Weiter vorbei an dem kleinen Ort Karnol – die »Fraktion Karnol« ist eine dieser typischen Häuseransammlungen in den Bergen, die für sich keine eigene Gemeinde bilden, sondern lediglich eine »Fraktion«; den Besucher weisen sie zunächst ab. Im ersten Hof, auf den der steil nach unten führende Wanderweg zuläuft, lag bis vor wenigen Jahren ein Schäferhund an der Kette. Die Kette war an einem zwischen Haus und Stall gespannten Seil befestigt, und der Hund bellte jedesmal furchterregend, wenn wir vorbeikamen, fletschte die Zähne und lief wild hin und her – wir mußten uns auf diesen Empfang bereits einige Minuten vorher innerlich vorbereiten. Allerdings finden wir, das müssen wir zugeben, bereits den *»Hound of Baskerville«* so gruselig, daß wir es nicht geschafft haben, ihn je zu Ende zu lesen (zumindest einer von uns). Immerhin: Der arme Hund war irgendwann nicht mehr da, irgendwann war sogar der ganze alte Hof weg, und jetzt steht da ein Neubau im Tirolerstil mit Carport, und die schöne alte, geschwungene Schrift auf der ehemaligen Hausfassade, Fraktion Karnol, ist auch weg.

Eine weitere Abweisung: ein Gasthaus, in dessen Tür stets ein Schild mit wechselnder Aufschrift hängt; wir schließen auf dem Weg bereits Wetten ab: »Montags geschlossen!«, »Wegen Renovierung geschlossen!«, »Zwischen 13 Uhr und 18 Uhr geschlossen!« – diese Varianten kennen wir bereits. Und ein weiteres Kuriosum: Die Fraktion Karnol hält den Rekord im Abschießen von Sylvesterfeuerwerksraketen, zumindest unter den Dörfern, die vom Balkon unserer Brixener Wohnung aus sichtbar sind. Sie bemühen sich dort oben jedes Jahr wirklich auf erstaunliche Weise.

In Karnol gibt es auch eine kleine gotische Kapelle, St. Johann. Sie liegt auf einem Hügel, den man im wahrsten Sinn des Wortes malerisch nennen muß, oberhalb eines Sägewerks (in dem man auch den Schlüssel bekommt). Malerisch muß man den Hügel deshalb nennen, weil er tatsächlich genauso aussieht, wie kleine Kapellenhügel auf gotischen Fresken aussehen, nämlich fast spielzeughaft, eben klein und lieb, wie alles auf gotischen Fresken (selbst die Teufel und die Todsünden im Brixener Kreuzgang haben etwas vergleichsweise Kleines und Liebes). Die Kapelle St. Johann ist selbst mit Fresken ausgemalt, mit der Johanneslegende, dem Martyrium der heiligen Ursula und dem Jüngsten Gericht. An den Wänden verweisen Kreuze, umgeben von einem Ring, auf die Ewigkeit. Damals hatte die Erde und die Welt noch ihre Ewigkeit, begrenzt nur vom Jüngsten Gericht. (Heute haben wir Halbwertszeiten.)

Hier bei St. Johann ist man mit vielem versöhnt (auch mit der geschlossenen Gaststätte, es gibt ja noch einen Brunnen mit Trinkwasser).

Von Karnol aus kann man entweder in einem großen Bogen wieder nach St. Andrä zurücklaufen oder aber durch den Wald (und noch an einem zweiten laut bellenden Hund vorbei, der diesmal zwar kleiner, dafür aber freilaufend ist) nach Brixen hinuntersteigen. Meistens wählen wir diesen zweiten Weg. Bevor wir ihn beschreiben, müssen wir aber noch von einer weiteren Erstvogelbegegnung berichten, die wir auf dem alternativen Weg hatten: jener mit dem Haubenmeislein. Wir haben uns damals in schlechter Stimmung befunden, niedergedrückt, verstört, schwermütig, ohne Freude an uns und unserem Weg – da kam die Haubenmeise und brachte das Glück. So könnte es in einem Schlager der Kastelruther Spatzen (!) heißen, aber es ist dennoch so gewesen, daran können wir nichts ändern, auch nicht daran, daß es noch öfter so gewesen ist (kitschig!) und daß Haubenmeisen, eine eher kleine Meisenart, apart hellgrau meliert mit einer Art Federhelmbusch auf dem Kopf, nun einmal tatsächlich sehr putzig sind. Einer von uns fürchtet bei solchen Begebenheiten immer die Kritik eines nahestehenden, von uns geschätzten Theologen, dieselbe Kritik, die jener auch einmal an den Gedichten des barocken Blumen- und Insektendichters Brockes geübt hat – nämlich daß der Mensch kein Recht habe, zu meinen, andere Lebewesen seien in irgendeiner Weise für die Zwecke des Menschen gemacht (und sei es nur zum Zweck seiner Aufheiterung, aber das meinen wir ja auch nicht).

Brockes benutzt in einem seiner berühmtesten Gedichte einen Kirschbaum bei Nacht, um durch ihn und sein leuchtendes Weiß den eigenen Blick in den Himmel und zum noch viel helleren Leuchten Gottes zu richten, mitten in der Nacht.

Ich sahe mit betrachtendem Gemüthe
Jüngst einen Kirschbaum, welcher blühte,
In kühler Nacht beym Mondenschein;
Ich glaubt', es könne nichts von größrer Weisse
seyn ...

Der pädagogische Lehrsatz am Schluß des Gedichts, nachdem der durch den Kirschbaum nach oben gerichtete Blick des Betrachters zuerst bei den Sternen und dann bei Gottes himmlischer Schönheit ankommt, relativiert jedoch den Kirschbaum:

Die größte Schönheit dieser Erden
Kann mit der himlischen doch nicht verglichen
werden.

Brockes nimmt den weißblühenden Kirschbaum also als bloßen Verweis, weniger noch: als rhetorisches Mittel, und es mag darin schon der Beginn des Übels stecken. Aber dennoch denken wir bei einem nächtlichen Kirschbaum nicht gerade selten an Barthold Heinrich Brockes. Er hat diesem Baum bei Nacht doch irgendwie ein besonderes Sein gegeben. Und immerhin bemerkenswert die Wendung: mit *betrachtendem Gemüthe*. Und auf das *Gemüthe* den Reim: *blühte!* Das ist doch schön! Und es verändert nicht die Welt! Es läßt sie sein, eben mit betrachtendem Gemüte.

Ach, Haubenmeise! Hast du dich am Ende auch an uns gefreut und unserem betrachtenden Gemüte? Ein anthropomorpher Gedanke? Woher sollen wir das wissen?

Einer von uns hat sich lange mit den Texten des mittelalterlichen Mystikers Meister Eckhart beschäftigt. Seine Lehre ist die Lehre von der Seligkeit der Armut im Geiste, die erreicht, wer nichts will, nichts weiß und nichts hat. Freilich, wir *wissen* etwas, wir benennen die Arten, dazu brauchen wir Wissen, und oft ist es dann teilweise auch dieses Wissen, das uns freut, kein Hingegebensein an das, was wir sehen, das eigene Selbst vergessend. Aber wir denken, dieses Wissen meint Meister Eckhart gar nicht. Unser Wissen ist ein bloßes Propädeutikum, denn ohne es hätten wir das Haubenmeislein nie wahrgenommen – genauso wenig wie unser Bekannter den Kleiber. Ohne unsere Belehrung hätte er den Kleiber nicht gesehen, er hätte gar nichts gesehen in jenem Birnbaum vor der Terrasse des Odenwälder Landgasthofs ... Hätten wir dieses propädeutische Wissen nicht, dann würden wir uns (nach Meister Eckhart) so verhalten wie ein König, der nicht wüßte, daß er ein König ist, und deswegen eben auch kein König wäre.

Also auf zu dem Waldweg nach Brixen, mit dem dieser Spaziergang zu Ende geht! Eigentlich nehmen wir diesen letzten Weg (auf Schieferplatten steil abwärts), einfach um hinunter- und zum Ausgangspunkt zurückzukommen – wie es oft am Ende von Spaziergängen ist. Und dennoch halten wir bisweilen an und sehen uns zwischen den lichten Kiefern um, zum Beispiel wenn einer von uns eine erste lila Blüte des hohlen Lerchensporns entdeckt, die es zu späteren Jahreszeiten dann reichlich in diesem Wald gibt, oder wenn der andere ein Waldschachbrett bemerkt (einen seinem Namen sehr gemäßen Falter), ganz besonders aber, wenn wir *den Grünen* sehen (so nennen wir ihn). Bei unserer ersten Begegnung mit dem Grünen sind wir (oder zumindest einer von uns) völlig erschrocken, obwohl er sich gerade nur aus einem niedrigen Gestrüpp heraus auf seinen Sonnenplatz begeben hatte, der sich auf einer größeren, baumlosen Schieferplatte befand. Es handelt sich um *Lacerta viridis*, die Smaragdeidechse, die größte der bei uns vorkommenden Eidechsen, etwa dreißig Zentimeter lang, vielleicht sogar etwas mehr. Sie bewegt sich wie jede Eidechse blitzschnell und, bei entsprechendem Untergrund, raschelnd, daher unser Schrecken, und sie ist dazu noch metallisch schillernd blaugrün. Wir hatten Gelegenheit, sie längere Zeit zu beobachten, und so ist auch sie zu einer Bekannten geworden, die wir öfter sehen. Mit sie meinen wir einen Er (nur die Männchen haben die erwähnte

Färbung, bei den Weibchen, die wir bei späteren Spaziergängen auch gesehen haben, fehlt der Stich ins Bläuliche, aber auch sie sind imposant). Und es ist wirklich, als sähen wir einen alten Bekannten, wenn einer von uns auf dem Weg plötzlich ausruft: »Da, der Grüne!« (Wir haben den im ersten Schreck ausgestoßenen Namen für ihn beibehalten.) In diesem Fall ist die Welt irgendwie in Ordnung und unser Spaziergang zu einem guten Ende gekommen.

Odenwald

Neulich saßen wir wieder auf der Terrasse des Bullauer Landgasthofs. Die Hütte hat einen alten, vertäfelten Gastraum mit Resopaltischen, in dem sich seit der Eröffnung vor vierzig Jahren im Jahr neunzehnhundertfünfundsechzig kaum etwas verändert hat. In der Schublade der Holztheke findet sich ein Stempel aus jener Zeit, mit einer Vignette des Namens der Hütte, die sich aus mehreren Motiven zusammensetzt und ein aufrecht stehendes Oval bildet. Oben links eine strahlende Sonne, rechts ein riesiges Eichhörnchen auf einem Tannenzweig, das gerade eine Nuß nagt. Zu Füßen des Eichhörnchenriesen einige Nadelbäume (Odenwald), darunter, in dekorativer Sechziger-Jahre-Schrift, leicht geschrägt der Name der Hütte, mit ausnehmend geschwungener Initiale. Darunter, als unterer Abschluß des Ovals, eine Eichel und zwei Blätter Eichenlaub. Sonne, Wald, Eichhörnchen, Eicheln, da hat man sie zusammen, die gängigen Klischees, bei denen so vielen Menschen heutzutage übel wird, und früher hat man das im Wanderpaket verkauft und sich in der Odenwaldhütte eingemietet für zwei Wochen. Heute kommen die Gäste für zwei oder drei Tage und reisen dafür aus Frankfurt oder Köln oder Düsseldorf über Hunderte Kilometer mit dem Auto an und passieren die Welt.

Der Wirt der Hütte gehört zu den Naturerzählern, ebenso wie auch der inzwischen verstorbene Wirt in der einzigen Wirtschaft in Wiepersdorf, jenem Schloßdörfchen in der Brandenburger Öde südlich von Berlin. Donath hieß der Wirt, und seine Wirtschaft hieß *Zur Alten Schmiede*, denn Donath war früher der Dorfschmied. Im Jahr zweitausendeins zeigte er uns nachts um zwölf seine alte Schmiede mit den meist noch von ihm oder seinen Vorgängern selbstverfertigten Werkzeugen. Edgar Reitz hätte es in der *Heimat eins* nicht besser rekonstruieren können, wir dachten sofort an Mathias Simon, den Hunsrücker Schmied aus dem berühmten Film. Donath saß abends in seiner Wirtschaft, trank sich die Augen feucht, rauchte sich (ohne es zu ahnen?) langsam zu Tode und erzählte ... Er erzählte immer in zwei Richtungen. Richtung eins: Kriegsende, Besatzung, russisches Militär, Landesauflösung neunzehnhundertneunundachtzig bis neunzig. Richtung zwei: Die Brandenburger Landschaft um Wiepersdorf herum, durchs Teltower Land bis hin zum Fläming. Seine Konsonanten knackten feucht, seine Stimme war tief, die Augen schauten immer tränennaß in eine nicht vorhandene, fast metaphysische Ferne, die das eigene Land war, von Hohenseefeld bis Hohenkuhnsdorf. Immer wieder klagte er über die großen Maschinen auf den Feldern, die den Feldlerchen keine Chancen ließen, deshalb gab es da nur so wenig Lerchen (für uns Hessen gab es da vergleichsweise unglaublich viele Lerchen). Ebenso war es, laut Donath, mit den Feldhasen. Der Nachwuchs war nicht schnell genug, um den zehn oder zwölf Meter breiten Maschinen zu entkommen. Donath klagte über die Durchforstung, den trockenen Boden, über die Wespen, die Hornissen, sprach über seine Hasen, sein Pferd, welche Vögel es warum in ihrer Landschaft gab und welche nicht ... die Geschichten sind nicht rekonstruierbar, sie finden alle statt in der Wirtstube der Alten Schmiede im Schein einer schwachen Lampe, unter der das Auge Donaths tränt, und dazu Wilthener Goldkrone und F6 ...

Schade, daß wir diese Geschichten nicht aufgeschrieben haben. Man denkt, es bleibe noch Zeit und man werde die Geschichten noch einmal und noch einmal hören, wie ein ewiges Einerlei, aber dann ist keine Zeit mehr, dann ist der Mann mit den unglaublich feucht knackenden Vokalen im Krankenhaus und bei der Chemotherapie und dann wieder, abgemagert, zu Hause und dann tot, und seine Geschichten sind fort, wie die allermeisten Geschichten, weil sie wieder einmal niemand bewahrt hat, und man hätte doch etwas davon bewahren können. Es waren ebenso interessante wie lehrreiche Geschichten, und doch ist *summa summarum* nur eine Impression davon zurückgeblieben über die Jahre. Ein Text, nicht umfangreicher als für ein Grabkreuz.

Wie gesagt saßen wir neulich wieder auf der Terrasse der Odenwälder Hütte und erzählten dem Wirt, daß wir jetzt ein Buch schrieben, ein Buch über die Natur und auch ein bißchen über die Hütte, und wir kamen mit dem Wirt erneut ins Gespräch über den Birnbaum und unseren langjährigen Bekannten, der seit einem Jahrzehnt als Schiedsrichter das hessische Land bereist und jeden Sportplatz kennt, auch den Bullauer Sportplatz, aber den Birnbaum nicht erkannte und das Wort Kleiber für eine Erfindung hielt (so wie wir vorher das Wort Bullau hätten für eine Erfindung halten können; aber so sind die Ortsnamen dort, tierbezogen: Bullau, Eutergrund …). Der Wirt lachte und wußte sogleich etwas zu erzählen. Das sei ein Kleiberpärchen, und der Kleiber sei schon seit Jahren da. Nicht immer derselbe, aber seine Nachkommenschaft. (Ob es tatsächlich die Nachkommenschaft war, hielten wir für unüberprüfbar, der Wirt konnte es eigentlich nicht wissen.) Der Wirt rief erstaunt aus, er habe neulich gehört, der Kleiber überwintere in der Nähe der Westsahara, »unn er hattn Köppsche, net größer als mei Daumenachel, unn da findt der mei Odenwaldhütte widder!« Jahr um Jahr. (Wenn's stimmt!) Eine Zeitlang habe ein

Star das Kleibernest besetzt gehalten, aber dessen Geknatter habe ihm, dem Wirt, nicht gefallen, so seien er und seine Frau froh, daß der Kleiber sein Nest zurückerobert habe. (Eine, wie wir fanden, etwas phantastische Erzählung, ein Star im Kleibernest mit anschließender Zurückeroberung.) Und neulich, so der Wirt, habe er folgendes erlebt. Da läuft er an seiner Hütte entlang und schaut zum First, als werde er plötzlich gerufen. Und da sitzen, auf einer Strecke von einem halben Meter, die beiden Kleibereltern und die beiden Kleiberkinder in Reih und Glied. »Ein Bild, wer krank im Magen ist, wird gesund davon«, sagte der Wirt in einer etwas eigenartigen grammatischen Reihung. Sie saßen da, als wollten sie sich zum Abschied noch einmal versammelt zeigen und grüßen. Am nächsten Tag, so der Wirt, war keiner mehr da. Eine, wie man sieht, recht anthropomorphe Geschichte. Donath in Brandenburg hat solche ans Märchenhafte grenzende Geschichten nie erzählt. Dafür hatte er ein zu sachliches Verhältnis zu den Dingen. Für Donath war, was er erzählte, seine Welt, in der er sich immer bewegt hatte. Donaths Welt, das hieß, fünf Schritte vom Geburtszimmer entfernt zu sein. Donath gehörte nicht zu denen, die die Welt passierten. Aber er wurde passiert. Früher von den russischen Soldaten, wenn die Offiziere in seiner Wirtschaft tranken und die einfachen Soldaten draußen im Winterfrost froren, bis Donath ihnen eine Rindswurst bringen durfte (wenn die Offiziere guter Laune waren). Später von den Westdeutschen, die seine Gewehre und seine Stiefel kaufen wollten, weil sie noch nie so gute, alte, gepflegte Ware gesehen hatten und die ganze DDR für einen Laden beim Totalausverkauf hielten, auch Donath mit seinen Gewehren und seinen Stiefeln. Handel und Verkehr. Am Ende wurde er von der Teltow-Fläminger Skaterbahn passiert, die fünf Meter an seiner Wirtschaft vorbeigelegt worden ist. Menschen in bunter Sportkleidung, das war Donath vermutlich suspekt, auch wenn er nie etwas dazu gesagt hat, da er wahrscheinlich nicht einmal eine Sprache hatte, das zu äußern. Er redete, wie gesagt, immer sachlich, einfach so, von Sperlingen und Finken, von Buchen und Pferden, wie andere von Fußballergebnissen, wie die Bauern im Wendland (s. u.) von der Besamungsstation, es war ihm, Donath, immer »natürlich« gewesen, und das heißt hier nichts anderes als: selbstverständlich.

Der Odenwälder Wirt dagegen kommt ursprünglich aus Darmstadt und war zuerst als Vertreter für Waschmaschinen unterwegs. Er war zunächst, in der Aufbauphase (was für ein Wort!), mit dem Handeln in Frankfurt am Main beschäftigt und erzählte nicht nur von anthropomorphen Kleibern, sondern auch von seinen Mallorca-Urlauben, seinen Trinkgenossen, ihren Tausendmarkscheinen, von Transvestitenlokalen und Barbesuchen mit professioneller Damenbegleitung und dergleichen mehr. »Aber wir sind immer anständig und brav geblieben, *gell, Gundel!*« ruft er dann vom Balkon zur angrenzenden Küche hinein. »Ihr und brav!« ruft die Frau zurück. Geschichten von Handel und Verkehr, mit einem gewissen Stolz erzählt, im Odenwald! *Was waren wir für welche!*

Dennoch ist der Wirt später nach Bullau aufs Land gezogen, hat dort seine Frau gefunden und ein Landleben begonnen, und heute spaziert er durchs Felsenmeer und sammelt dort Pilze, als gehöre auch er in die Landschaft.

Auch die Gäste des Landgasthofs sind mitunter Naturerzähler. Neulich saß einer von uns mit einem alten Mann dort, der zufälligerweise ebenfalls aus Darmstadt kam. Der Mann saß auf der Terrasse, vor dem Birnbaum, und wieder ging das Gespräch von den Kleibern aus. Er hatte ein einigermaßen rotes Gesicht, schneeweiße Haare, war untersetzt und trug, was man vielleicht vor dreißig Jahren als Schwarzwaldtourist getragen hatte, ein rotkariertes Hemd natürlich. Um den Mann herum war die Zeit stehengeblieben, wie im ganzen Landgasthof, wie teilweise in Bullau überhaupt, auch wenn es dort jetzt einen

Mobilfunkmast mitsamt Protestplakaten und ein Neubaugebiet gibt und kaum mehr ein Bus von Erbach kommt, weil alle Auto fahren, als sei das natürlich, auch im Odenwald. Überhaupt ist im Odenwald für Frankfurter wie uns die Zeit stehengeblieben, zumindest relativ. Es gibt hier noch Männer, die mit Hüten herumlaufen. Es gibt hier noch Bauern. Es gibt hier noch Bauern, die mit ihrer Bauernkleidung in die Stadt fahren mit dem Traktor, weil sie es so kennen und weil sie sich zeigen wollen, denn sie sind stolz auf sich. Heute darf man angeblich nicht mehr Bauer sagen. Heute heißt es, die Bauern seien beleidigt, wenn man Bauer und nicht Landwirt sage. Das soll einer im Odenwald glauben! Und im Wendland! Und in der Wetterau!

Es war späterer Nachmittag. Der Mann aus Darmstadt hatte sich unter Seufzer-Lauten (*ei ja, ah*) auf seinen Stuhl auf der Terrasse der Hütte gesetzt und vor sich ein Kreuzworträtsel ausgebreitet. Es war ein Spätsommertag, mitten im September. Der Darmstädter bestellte ein Bier (es war siebzehn Uhr) und einen Birnenschnaps. Er machte es sich also gemütlich. Wir kamen ins Gespräch. Der Mann hatte einen unproblematischen Begriff von *Natur*. Natur hieß für ihn: das, was man auf Spaziergängen sieht, draußen, in der Natur eben. Wenn man an Teichen ist, in Wäldern, eben wenn man »in der Natur ist« (als gäbe es die und als wäre sie auf diese Weise zu besichtigen). Deshalb fuhr der Mann auch mit seiner Frau (die sich gerade »ausruhte«, so sein Terminus) seit fünfunddreißig Jahren in den Odenwald. Unser Freund und Fußballschiedsrichter und Rezensent fährt seit fünf Jahren nach Bullau in den Odenwald, denn er hatte die Hütte nach einem Spiel entdeckt. Bullau, vermutet unser Freund, muß eine Weile, etwa ein oder zwei Jahre, ziemlich viel Geld in seinen Verein investiert und bessere Spieler gekauft haben, denn sie spielten eine oder zwei Saisons in höheren Klassen (dort hatte er sie gepfiffen). Inzwischen waren sie wieder sang- und klanglos verschwunden, es kennt ja niemand Bullau, diesen winzigen Ort zehn Kilometer von Erbach entfernt, mitten hinter einem Waldstück und umgeben von Kuhweiden und versehen mit dem Eutergrund, einem abgelegenen Tal, das nur kennt, wer einmal in Bullau war, und selbst dann noch nicht unbedingt, denn der Darmstädter Herr, der seit fünfunddreißig Jahren in den Odenwald und genauer gesagt nach Bullau zu dem Landgasthof fährt, kennt den Eutergrund bis heute nicht. Bullau ist fußballerisch ebenfalls im Tal verschwunden, aber unser Schiedsrichter kommt seitdem regelmäßig nach Bullau zurück, nicht hauptsächlich, um »in der Natur zu sein«, denn er geht nicht spazieren, sondern um Cordon Bleu und Jägerschnitzel aus der weithin gelobten (»*gutbürgerlichen*«) Küche der Wirtin zu essen und Birnenschnaps zu trinken und Kutscherbier aus Flaschen, ähnlich dem alten Herrn aus Darmstadt.

Unser Freund und Bekannter kennt jeden Sportplatz im Odenwald. Er könnte auch ein Buch über seine ersten Male schreiben. Diese Sportplätze sind seine Sehnsucht! Es gibt für ihn nichts Schöneres, als auf einem ländlichen Sportplatz Spiele zu pfeifen (zu denen er mit dem Auto hinfährt), um anschließend in der Vereinswirtschaft (oder in der einzigen Wirtschaft am Ort) mit den Vereinsleuten zu sitzen und Schnitzel zu essen und Bier und Schnaps zu trinken. Wir können das verstehen, wenn wir auch diese Leidenschaft nicht teilen. Übrigens fährt unser Schiedsrichter nie »in Urlaub«, nur in den Odenwald. Das ist auch so ein Terminus: »in Urlaub fahren.« Als Kinder, mit unseren Eltern, die nach Spanien, nach Italien oder nach Griechenland fuhren, war uns dieser Begriff ganz selbstverständlich. Autos, Autobahnen, Flugzeuge, Flughäfen, Hotels, Tankstellen, das war alles ganz selbstverständlich.

Wir liefen ja früher durch Straßen, durch Straßen aus der Gründerzeit in Friedberg in der Wetterau, und sahen keine Autos, obgleich sie auch damals überall standen. Wir sahen sie nicht. Wie wir den Ehrenpreis nie gesehen haben, weil wir ihn nicht kannten. Die Autos kannten wir, aber wir sahen sie nicht. Sie waren uns *natürlich,* im Sinne von selbstverständlich. Auch die Flugzeuge. Aber irgendwann sahen wir plötzlich alles, was da war. Zum ersten Mal, und danach war nichts mehr wie vorher, wie immer nach dem ersten Mal.

Der alte Mann aus Darmstadt auf der Terrasse des Landgasthofs in Bullau im Odenwald mit Blick auf den Kleiber im Birnbaum erzählte vom Pirol, und zwar davon, wie er einen gesehen hatte. Im Grunde erzählte er seine gesamte Natursozialisation, von vorne bis hinten und ab dem Weltkrieg. Er erzählte von Motorrollerfahrten an den Niederrhein, schon damals an der halben Welt vorbei, zum Angeln, er erzählte von einem Riesenaal, den sie einmal erbeutet hatten, das war sein Jugendvergnügen, das Angeln, immer in der Gruppe, immer mit dem Roller, einen ganzen Tag unterwegs, Wochenende. Später einsam am Teich, seinem Hausteich, irgendwo bei Darmstadt. Mit den Jägern sei er manchmal mitgegangen, aber nur mitgegangen, das habe ihm Spaß gemacht, früh draußen, was habe man da sehen können! Oder er früh allein an seinem Teich (vor zwei Jahren hat er mit dem Angeln Schluß gemacht): da habe er zum Beispiel einen Pirol gesehen, und zwar oft, frühmorgens habe dieser sich heruntergetraut, er habe sich an ihn gewöhnt (der Pirol sich an ihn, den Darmstädter). Das Weibchen sei übrigens völlig unscheinbar (aber der Darmstädter hat es erkannt). Einen Dachs hatte der Mann auch gesehen, allerdings auf einer Jagd. Er war aber, wie gesagt, kein Jäger. Er war lediglich bei einem Bekannten mitgegangen, eben weil sie (die Jäger) früh gehen und er gern, wie er meinte, »an der Natur« sei. Bis zum Cordon Bleu um kurz vor sechs Uhr geriet der Mann aus Darmstadt in eine Zeitschleife und durchlebte im Erzählen, das dauerte keine zwanzig Minuten, sein gesamtes Leben noch einmal unter ausgewählten Gesichtspunkten, nämlich den Gesichtspunkten des Odenwaldurlaubers, der hierher kommt, um seine Ruhe zu haben und seine Natur und seinen Odenwald (wenn er es sich leisten kann). Also erzählte er von Füchsen und Dachsen und Aalen ab dem zweiten Weltkrieg, von dem er allerdings nichts erzählte. Er fahre Fahrrad am Niederrhein, täglich, dreißig Kilometer. Seine Frau sei nicht mehr gut zu Fuß. Hier liefen sie gemeinsam ein wenig den Weg 2 an der Straße entlang, aber nicht weit, und dann gleich wieder zurück. Wegen seiner Frau. Dem Wirt der Odenwaldhütte hatten sie Obst aus dem eigenen Garten und einen Käsekuchen mitgebracht. Er, der Mann, gehe allein den ganzen Weg 2, dafür brauche er zweieinhalb Stunden. (Weg 2 gehen wir auch oft. Weg 2 sind wir von Anfang an gegangen.)

So haben wir also keinen Pirol gesehen, aber doch einmal jemanden kennengelernt, der einen Pirol gesehen hat. Vielleicht werden wir selbst einmal einen sehen, wer weiß.

Auf Weg 2 kommt man, wenn man auf den Parkplatz vor die Hütte läuft. Dort findet sich ein Holzschild mit einer Graphik der Wanderwege, es gibt sowieso nur zwei, Weg 1 (das ist ein Weg hinter der Hütte durch das sogenannte Felsenmeer, wo der Wirt im September Steinpilze sammelt), fünfundvierzig Minuten, und Weg 2, zweieinhalb Stunden, laut Tafel. Als wir ihn das letzte Mal gingen, sahen wir vor allem Erika und Frauenflachs, Fingerhut und die abgesägte Baumkrone einer Buche aus dem letzten Jahr. Voriges Jahr hatten wir den Baum kurz nach seinem Sturz gesehen, da war er noch nicht zersägt und wegtransportiert, sondern war einfach ein Herbstbaum am Boden, durch dessen gefärbte Blätter sich das Licht besonders schön brach, wegen der tieferen Perspektive. Wir spazierten damals auf ihm in die Krone hinein und waren mitten im Laub, wo man sonst nie ist. Diesmal war er zersägt und fortgeschafft, nur die Krone war liegengeblieben, ein bizarres Bild. Laut dem Wirt der Hütte lohne sich das nicht, die Krone wegzuschaffen, mit ihr könne man nichts anfangen.

Einmal, im Bad Nauheimer Kurpark, liefen wir nach einem großen Sturm, der von Südfrankreich bis zu uns gewütet hatte, umher und kamen zu einem von den Arbeitern bereits abgesägten Stamm. Der Baum war fort, nur die frische, glatte Schnittfläche ragte noch dreißig Zentimeter über den Wurzeln heraus. Es war ein großer, alter Baum gewesen, von mindestens einem Meter Durchmesser. Eine Bekannte war dabei, eine Malerin. Sie stellte sich auf den Stumpf, schaute nachdenklich in die Gegend und stellte fest: Was ich sehe, hat in den letzten hundertfünfzig Jahren niemand gesehen. Niemand hatte diese Perspektive, weil immer der Baum hier war.

Er war immer da und kam nie an jemandem vorbei. Ähnlich wie Donath in seiner Schmiede in Wiepersdorf.

An der Hütte im Odenwald kommen täglich etwa dreißig oder vierzig Autos vorbei. Das ist ganz ruhig, und jeder erholt sich dabei, und doch wäre jedes dieser Autos früher ein solcher Schrecken gewesen, daß man sich vielleicht nicht mehr davon erholt hätte. Und heute ist es der herrliche Odenwald.

Als unsere Vorfahren in Bad Nauheim das Haus in der Uhlandstraße gekauft haben, da fuhr der Firmeninhaber Karl Boll (der mit der Weihnachtsgans und dem Freund vom Dämmerschoppen) das erste Auto in der Straße. Sein Haus war das vorletzte vor dem Stadtrand. Das war neunzehnhundertvierunddreißig.

Jetzt ist die Stadt um mehrere hundert Meter gewachsen, wo der Stadtrand lag, ist jetzt eine Ringstraße, der Eleonorenring mit zehntausend Verkehrsbewegungen am Tag. Eine späte Rache für das erste Auto, lieber Karl Boll.

Heute kennen wir Menschen, die kaufen sich Automagazine wie wir ein Vogelbuch. Solche Menschen gibt es.

Da wir nur wenige Automarken kennen, können wir auch nicht sagen, mit welchem Auto der Darmstädter in den Odenwald gekommen war, nur daß es schwarz und klein war und er mit seiner Frau angekommen war, während wir noch beim Frühstück saßen. Das Frühstück in dem Gasthof ist ebenfalls ein Relikt aus den vergangenen Jahrzehnten. In keinem deutschen Hotel gibt es so ein Frühstück. In einem deutschen Hotel gibt es nur noch das sogenannte Frühstücksbuffet, das morgens abgegrast wird bis auf die Dekoration. Als Schriftsteller verkehrt man notgedrungen viel in Hotels. Der eine von uns hat in den letzten fünf Jahren sicherlich vier- oder fünfhundert Hotels gesehen, von Preßburg bis Brüssel, von Moskau bis Madrid. Die Buffets gibt es überall. Alles da, von exotischen Obstsalaten (stekken Tausende Flugkilometer in jedem Bissen) über *bacon and eggs* bis hin zu Lachs und Sekt, dazwischen Thunfischpasten, Körner, Frühstückscerealien unterschiedlichster Art, Heringssalate, Rollmöpse von irgendwoher, italienische Salami, Tee aus Indien natürlich oder Ceylon, wie seit Jahrhunderten, Eier aus unbekannter *Haltung*, vielleicht sogar *Freiland*, vielleicht sogar *glücklich* etc., morgens schon die ganze Welt, morgens schon dreimal um die Welt beim Frühstück, das dazu noch viel frischer und gesünder und biotischer ist als das im Odenwälder Landgasthof, wo es nämlich immer, und zwar seit vier Jahrzehnten, Wurst, Schinken, Käse und ein Ei nebst Brotkorb und Marmelade gibt. Nichts wird sich dort ändern bis zum Tod aller Beteiligten. Im Odenwald kommt man beim Frühstück noch nicht dreimal um die Welt, auch beim Essen sind sie wie gesagt sehr konservativ, und gerade wegen dieses Essens, das heute angeblich keiner mehr haben will, kommen die Gäste nach wie vor in den Landgasthof nach Bullau wie seit Jahrzehnten:

Jägerschnitzel
Cordon Bleu
Rinderbraten
Gulasch
Krautwickel
Zander
Forelle
Omelette

Mehr gibt es nicht. Wir hatten einmal ein Gespräch mit dem Wirt über eine andere Gastwirtschaft in der Nähe, mit mediterraner Küche. Er kannte all die Worte nicht, er konnte nur sagen: Die haben ganz andere Salate. Die haben einen ganz anderen Essig. Die machen da alles ganz anders. Er versuchte das Wort Balsamico auszusprechen, und es klang wie Wilsemiggo, mit weichem hessischen g, er hatte es irgendwo mal aufgeschnappt, mehr nicht, und das, obgleich er früher doch, noch zu Aufbauzeiten, ein windiger und toller Hecht war und sich mit Kapitalanlagen heute noch sehr gut auskennt, aber nicht mehr mit mediterraner Küche. Das hat der Odenwald geschafft! Ein Mensch in Deutschland im Jahr zweitausendfünf, der das Wort Balsamico nicht kennt, sondern nur einmal beim Hörensagen aufgeschnappt hat, wie ein Kind ein Wort aus der Erwachsenenwelt. Wie jemand, der das Wort Philosophie hört und es später mit dem Wort Psychologie durcheinanderbringt, weil er mit beidem noch nichts verbindet. Ein Mensch, der glaubt, der Kleiber überwintere in der Westsahara, dabei bleibt er vielleicht den ganzen Winter zu Hause im Odenwald, im Gegensatz zum Wirt. Wahrscheinlich hat der Wirt den Kleiber deshalb im Winter nicht gesehen, weil er selbst jedes Jahr zu dieser Zeit verreist, den Sommer verlängern, wie er es nennt, in den Süden fliegend. In den Süden fliegend wie ein Vogel, aber nicht mit seinen Flügeln, sondern *zivilisiert*, mit einer Maschine. Das Auto bleibt daheim, die Verwandtschaft bringt ihn zum Flughafen. Grüß die Balearen von uns, oder vielleicht sogar Afrika! Als gehörte er dorthin. Als gehörte er überallhin. Unser Odenwälder Wirt im Süden, im Dezember, im Januar, vielleicht sogar in der Westsahara! Und sie kommen zurück und finden ihr Auto nicht mehr, weil es geschneit hat im Odenwald, und aus der eigenartigen Erhebung rechts neben dem Stall wird eine Woche später wieder das Auto, denn sie hatten vergessen, daß sie es dort hingestellt hatten, ihr Auto, sie hatten sich nur über den Schneehügel gewundert und wo ihr Auto denn ist.

Ein Leben ohne Auto! Was Schnee kann! Dafür lieben wir ihn. Was niemand unter den Menschen vermag, manchmal geschieht es doch: Plötzlich gibt es keinen Verkehr mehr. Plötzlich sind alle wieder bei sich selbst und nicht mehr auf dem Weg an allen anderen vorbei. Einmal in Frankfurt, es muß Anfang der neunziger Jahre gewesen sein, fuhren wir mit der Linie sechzehn von Frankfurt-Ginnheim in die Stadt, und es schneite. Es fuhr bald kein Auto mehr, und dann blieb auch die Sechzehn stehen, und alle stiegen aus und standen auf der Straße, als sei es das erste Mal, als seien sie gerade geboren worden, so standen sie herum und staunten im Schnee. Auch der Eleonorenring hatte in den letzten sechs Jahren zweimal ein paar Stunden Ruhe. Durch Schnee. Aber die Menschen müssen fahren, denn sie haben ein Ziel, und dafür müssen sie an der Welt vorbei, also auch an uns. Jeden Tag haben sie ein Ziel, zehntausend allein im Eleonorenring, das sind siebzigtausend in der Woche und drei Millionen und sechshundertvierzigtausend im Jahr, und alle fahren sie an uns vorbei und haben doch noch nie etwas von uns gehört und kennen uns gar nicht, und so fahren sie an uns vorbei, als seien wir gar nicht da, als gebe es uns nicht, aber es gibt uns doch! Diese Millionen haben nicht einmal unser Haus gesehen, aber die Ampel fünfzig Meter weiter.

Das sind die Menschen, von denen Hildegard spricht.

In den Süden! Der Kleiber ist ein sporadischer Zugvogel, der Mensch nicht. Wir haben ihn nie gehört, den Kleiber, wenn er zu ziehen beginnt, was er, wie gesagt, sowieso nur sehr sporadisch tut. Der Kleiber hat ein Verständnis für den ihn umgebenden Raum. Wir haben kein Verständnis für Raum, übrigens auch keines für Zeit, seitdem wir unsere Füße, unser Raumorgan, nicht mehr den Raum durchschreiten lassen, höchstens noch den Wohnraum, denn im Wohnzimmer gehen wir noch zu Fuß, und in der Küche auch noch. Die Frau von Karl Boll lief jeden Tag von Friedberg, Usavorstadt, bis Nieder-Mörlen, das sind sieben Kilometer, und am Nachmittag lief sie diese sieben Kilometer zurück, damals fuhren am Tag noch zwei Autos an ihrem Haus vorbei, oder vielleicht fünfzehn. Heute liegt vor ihrem Haus eine dreispurige Schnellstraße, aber sie selbst ist Gott sei Dank schon lange tot, denn es war von neunzehnhundertdreißig bis neunzehnhundertsechzig, als sie nach Nieder-Mörlen lief, das war ihr ganz natürlich. Heute wäre sie mit dem Auto gefahren, denn das ist heute natürlich, so natürlich, daß man es nicht bemerkt. Heute kennen wir keinen einzigen Menschen, der jemals von Friedberg nach Nieder-Mörlen gelaufen wäre, zu Fuß! Wenn uns in Frankfurt jemand nach dem Weg fragt, können wir nur den Fußweg erklären, als seien wir Bauern auf dem Land, und so werden wir auch angeschaut. Wir sagen *jemand,* wo wir eigentlich *Auto* sagen müßten, denn wenn so ein Auto anhält und nach dem Weg fragt, ist der Mensch nur der kleinste, geringste Teil, das Auto ist ja viel größer als er. Im Auto wird man drei Meter lang und mehrere hundert Kilogramm schwer, wir wissen nicht, wie viele Kilogramm. Das ist ein kybernetisches Ding, so ein Auto mit Mensch darin oder umgekehrt: so ein Mensch mit einem Auto drumherum, seiner Bewegungsprothese. Aber die Menschen haben ein Ziel, und deshalb fahren sie, als sei das natürlich. Auch im Odenwald, wenngleich da noch selten. Wenn sie nach Bullau in den Landgasthof kommen, legen sie Hunderte Kilometer zurück, um dort sieben Kilometer zu laufen, Weg 2. Oder drei Kilometer, Weg 1. Dafür haben sie unzählige Menschen, unzählige Pflanzen, unzählige Landschaften einfach passiert, als seien sie nicht da. Wie ein Skalpell durch das Fleisch muß, um erst dahinter sein Ziel zu finden.

Schauen wir auf Karl Boll im Jahr neunzehnhundertvierunddreißig. Die Lage war damals folgende: Die Firma Boll hatte seit fünfzig Jahren ihren Sitz in Friedberg in der Wetterau am Usaufer, Mühlweg. Über Generationen Steinmetze. Zu besten Zeiten dreißig Angestellte. Zwei Steinbrüche am Fuß des Vogelsbergs. Das Firmenbüro (damals *Bureau*) befand sich im Mühlweg. Die Generation davor war in unmittelbarer Nähe der Firma aufgewachsen. Dort unten am Usaufer gab es damals bis auf die Firma und das Familienhaus so gut wie gar nichts, erst nach dem Krieg ist dort ein ganzer Stadtteil entstanden, das sogenannte Barbaraviertel. Damals waren dort nur Bäume, Wiesen und das Flußufer.

Herr Boll, Sie ziehen nach Bad Nauheim?

Ja.

Warum?

Es gibt da gerade günstige, sehr qualitätsvolle Häuser, von einem Bankenkonsortium gebaut.

Wie werden Sie wohnen?

In guter Lage, angesehene Leute kaufen sich da gerade ein, Bad Nauheim ist eine Stadt mit Wirtschaftskraft, denken Sie an die Bäder, die Sanatorien, selbst der Zar kam in unsere Stadt.

Das ist nun dreißig Jahre her, inzwischen ist er erschossen. Die Familie auch.

Ja, zugegeben.

Wie werden Sie es mit der Firma halten?

Wie meinen Sie das?

Sie müssen nun eine Distanz von drei Kilometern überwinden.

Also wissen Sie, drei Kilometer … wir wohnen bislang in der Usavorstadt in Friedberg, nahe der Firma, unser altes Haus ist da. Meine Frau Else läuft jeden Tag bis Nieder-Mörlen und zurück, das sind sieben Kilometer einfacher Weg. Das ist doch ganz selbstverständlich. Alle laufen.

(Das ist natürlich aus der heutigen Distanz gesagt. Karl Boll hätte nie den Gedanken äußern können, daß alle laufen, weil ihm das zu selbstverständlich gewesen wäre, als daß er es hätte äußern können.)

Und Sie?

Ich bin jetzt, wie ich sagen darf, stolzer Besitzer eines Wagens. Ich weiß, ich bin der erste am Ort, aber meine Firma muß repräsentiert werden, und man muß schon auf seine Stellung halten. Natürlich werde ich mit dem Wagen nach Friedberg fahren, es gäbe ein allzu lächerliches Bild ab, wenn ich, Inhaber der Steinwerke Karl Boll, morgens zu Fuß in die Firma paradierte wie ein Sozialist.

... So sind die Gespräche. Unser Auto in der Uhlandstraße, die es zehn Jahre zuvor selbst noch gar nicht gegeben hatte. Auch das ein erstes Mal.

Nachtrag zu Bullau: Der Landgasthof ist ein umgebauter Bauernhof. Die Scheunen wurden neunzehnhundertvierundsechzig alle abgerissen, in den Siebzigern wurde an das alte Bauernhaus ein damaliger Neubau angebaut, diesmal mit Gästezimmern mit integriertem Bad- und Toilettenraum. Moderne Wohnzellen mit allem inklusive, wo man vorher nur ein Bett hatte, einen alten Schrank und das Bad auf dem Flur. Die meisten Gäste des Bullauer Hofes streben aber in den alten Trakt, wo die Dielen knarren und die Räume noch aussehen wie lange vor unserer Geburt. Als sei da noch etwas in Ordnung. Als hätte es so weitergehen können, obgleich wir ja wissen, wie es dann tatsächlich weitergegangen ist.

Der Fehler, der jeder *laudatio temporis acti* innewohnt ist, daß zu keiner Zeit die Zeit anzuhalten war. Jeder Augenblick ist transitorisch. Die früheren Zeiten hätten nur dann »besser« sein können, wenn man sie hätte anhalten können. Aber in Wahrheit waren sie genauso wie die heutigen, denn es waren schon immer die Menschen in ihrem Tun. Und der Weg zu heute war schon immer der einzige Weg, den wir hatten.

Wir sind zu den Blumen und den Vögeln erst spät gekommen. Wir haben dann Bücher und Schallplatten gebraucht, um uns zurechtzufinden. Unsere Eltern haben vieles davon im Naturkundeunterricht gelernt. Aber das war womöglich ziemlich langweilig. Die Aufgaben waren eher etwas für Forschernaturen, dazu anleitend, Fröschen die Beine abzureißen etc. Wir haben uns einmal ein naturkundliches Wanderbuch aus dem Jahr neunzehnhundertdreißig gekauft. Darin gibt es am Ende jeden Kapitels ebenfalls (allerdings harmlosere) Aufgaben, etwa: »Nähere Dich einer Blüte von großblütigem Springkraut mit der Spitze eines Bleistiftes und beobachte, was passiert!« Der Naturkundeunterricht war, auch wenn man da manche Arten noch *bestimmen* lernte, doch bereits ein Vorläufer des Biologieunterrichts, den wir selbst erlebt haben, man lernt nur noch die Bestandteile eines Lebewesens: Stempel, Staubfäden, Labmagen, Rinderaugen, Desoxyribonukleinsäure. Es ist das Prinzip aller Naturwissenschaften: Um zu erklären, wie etwas ›Komplexes‹ funktioniert, erklären sie die jeweils komplexere Ebene durch Reduktion derselben auf die Vorgänge der darunterliegenden Ebene. Und haben sie auch alle Mechanismen beschrieben, das Wesentliche können sie nicht beschreiben (das kann überhaupt niemand). Die ›Objekte‹ werden zerlegt und untersucht, bis sie nicht mehr vorhanden sind, so hat einem der Biologieunterricht die Ehrfurcht vor dem Leben ausgetrieben. Und genau so hat dies bereits vermutlich der Naturkundeunterricht getan.

Ehrfurcht, dieselben Vokale wie in Sehnsucht oder Schwermut. Oder Demut.

Bei Dostojewski findet sich folgendes Gespräch zwischen einem alten Narren (einem einfachen Wanderprediger aus dem Volk) und einem jungen, nervösen Menschen. Zuerst spricht der Alte:

»Worin das Geheimnis besteht? Alles ist ein Geheimnis, mein Freund, in allem liegt ein göttliches Geheimnis. In jedem Baum, in jedem Gräschen ist dieses selbe Geheimnis eingeschlossen. Ob nun ein kleines Vögelchen singt oder die Sterne in ihrem ganzen Chor bei Nacht am Himmel glänzen, alles ist dieses eine, gleiche Geheimnis ... Ja, so ist das, mein Freund!«

Dagegen der nervöse junge Mann:

»Ich weiß nicht, in welchem Sinne Sie ... aber alle diese Geheimnisse sind doch durch den Verstand schon längst aufgedeckt worden, und was nicht aufgedeckt worden ist, das wird alles aufgedeckt werden, ganz bestimmt und vielleicht in ganz kurzer Zeit. Die Botanik weiß genau, wie der Baum wächst;

der Physiologe und der Anatom wissen sogar, warum der Vogel singt, oder werden es bald in Erfahrung bringen; und was die Sterne anlangt, so sind sie nicht nur alle gezählt, sondern auch jede ihrer Bewegungen ist auf die Minute genau ausgerechnet, so daß man die Erscheinung eines Kometen vorhersagen kann, sogar tausend Jahre, auf die Minute ... und jetzt ist sogar die Zusammensetzung der fernsten Sterne bekannt geworden. Nehmen Sie ein Mikroskop (das ist so ein Vergrößerungsglas, das die Gegenstände millionenfach vergrößert), und betrachten Sie unter ihm einen Wassertropfen, und Sie werden dort eine ganze neue Welt erblicken, ein vollständiges Gewimmel lebender Wesen; und dabei war auch das ein Geheimnis, aber es ist aufgedeckt worden.«

Soweit Dostojewski vor einhundertdreißig Jahren.

Einen anderen, ›natürlicheren‹ Zugang als den ›naturkundlichen‹ ermöglichte bei unserer Elterngeneration der eigene Garten. Die Familie in Mühlheim hatte schon immer den sogenannten »Acker«, und den gibt es heute noch. Dieser Acker ist kein zu bestellendes großes Feld, wie Bauern es haben, sondern es ist einfach ein Nutzgarten, ein paar Straßen vom Haus und dem darum befindlichen Blumengarten entfernt (eine Art großer Schrebergarten also, aber es fehlen die obligatorische Hütte und die Gartenstühle darin, denn er ist zum Säen und Ernten, nicht zum Wochenendaufenthalt bestimmt). Auch die Kinder hatten von klein auf eine Verbindung zu diesem Garten. Zunächst einmal mußten sie essen, was darin geerntet wurde. Und das war, in den Augen der Kinder, schlechter als das, was es zu kaufen gab: Die Kirschen, sahen sie auch noch so schön aus, hatten Würmer, die Äpfel waren teils unförmig und hatten Druck- oder ebenfalls wurmige Stellen, in den Salatköpfen verbargen sich Schnecken ... wie ekelig! Daß das Gemüse und Obst, das es zu kaufen gab, dafür mit Chemikalien behandelt war, interessierte sie nicht, vermutlich wußten sie es nicht einmal, der Begriff des biologischen Landbaus existierte noch nicht. Die Kinderlieblingsäpfel waren Granny Smith in lilafarbenen Styroporschalen, je geschmackloser, desto besser. Inzwischen haben sich die Zeiten geändert, wir ziehen selbstgemachte Holunder-, Erdbeer- und Sauerkirschmarmelade wieder vor und sehen erwartungsvoll der nächsten sommerlichen Ackerlieferung an Obst und Gemüse entgegen. Doch eines hat sich gehalten: das Dilemma mit den Kirschen, denn wir wollen weder diejenigen mit Würmern noch die mit den Pestiziden.

Wenn wir heute zu Besuch sind, gehen wir immer gern auch kurz nach dem Acker schauen, auf dem sich im Vergleich zu früher manches geändert hat: Neben Obstbäumen, Erdbeeren, Kartoffeln und

Kohlsorten baut der Vater heute auch Auberginen, Rucola, Paprika, Artischocken und Feigen, seit einigen Jahren sogar Spargel an. Und alles gelingt. Die Tochter hat es einmal als Hobbygärtnerin auf dem Frankfurter Balkon versucht, mit eigens bei Manufactum bestellten Saattütchen für den Balkongarten. Die Ernte war miserabel: Die Zuckerschoten reichten für ein einziges Gericht, die Tomaten waren völlig wäßrig, denen des Vaters unvergleichlich. Selbst eine der beiden Zucchinipflanzen, die im elterlichen Garten stets gigantische Ausmaße annehmen, starb bald an einem weißlichen Gespinst. Lediglich die Rauke war vorzeigbar, aber auch ihre Blätter waren irgendwie dünn und labberig.

Mit den Blumen auf dem Frankfurter Balkon war und ist der Erfolg größer, die Hummeln besuchen sie gern, und wir denken uns, daß die ebenfalls zahlreich vorhandenen Bienen vielleicht sogar aus dem nahe gelegenen Botanischen Garten herfinden, wohin sie dann zurückfliegen und den Honig produzieren, den wir später sonntags dort kaufen. Vielleicht ist das nur ein Wunsch, wir werden es nie herausfinden. Das wäre quasi eine Landidylle mitten in Frankfurt am Main: Honig von eigenen Blumen.

Wir haben einmal das schöne Buch von Alma de l'Aigle gelesen, *Ein Garten*, das beinahe ausschließlich vom Garten ihrer Familie handelt, u. a. seitenweise von verschiedenen Birnensorten. Einerseits ist so etwas langweilig, wie unser Buch hier notgedrungen auch langweilig sein muß, weil ohne jede Handlung und Entwicklung. Aufzählungen haben immer etwas Langweiliges an sich. Wir sind gewohnt, in kausalen Beziehungen zu denken, nach dem Wozu und Warum zu fragen. Warum zählt jemand Birnensorten auf und beschreibt den Geruch, das Aussehen, die Reifezeit jeder einzelnen, warum zählt jemand auf, welche Blumen er auf seinen Wegen gesehen hat und welches Gemüse im Garten der Eltern? Wir wollen das Gemüse ja nicht anbieten und vermarkten. Alma de l'Aigle wollte es nicht und wir auch nicht.

Andererseits: Meister Eckhart spricht öfter davon, die Dinge ›ohne Warum‹ zu tun. Derjenige ist gerecht, der ohne ein Warum handelt. Hildegard von Bingen sagte, daß wir den Elementen der Welt die Gerechtigkeit ja gerade vorenthalten. Eckhart erklärt, wie es dazu kommt: »... wie Gott wirkt, so auch wirkt der Gerechte ohne Warum; und so wie das Leben um seiner selbst willen lebt und kein Warum sucht, um dessentwillen es lebe, so auch kennt der Gerechte kein Warum, um dessentwillen er etwas tun würde.« Er ist einfach gerecht, ohne daß er dafür eine Begründung bräuchte: wie die »einfaltigen Tiere; die erfahren auf einfaltige Weise den Einfluß des Himmels, und die Kinder, die haben keinen eigenen Sinn«. (M. E.) Wir dagegen haben für alles Gründe.

Der Vater in Mühlheim geht zu seinem Acker in gewisser Weise ohne Warum. Nicht daß er etwa nichts ernten wollte, aber er hat es sich nicht, wie die Tochter als Balkongärtnerin, in den Kopf gesetzt, jetzt eben Gärtnerei zu betreiben, sondern er hat in die Familie geheiratet, und der Acker war einfach da, nichts war also selbstverständlicher und weniger ein Vorsatz, als den Acker auch weiterhin zu pflegen. Und er ist bis heute gern dort und hat uns Kinder, indem er davon gesprochen hat, auch gelehrt, die häufigsten Gräser und Unkräuter zu unterscheiden: Schafgarbe, Spitz- und Breitwegerich. Einiges mehr davon kam wieder zum Vorschein, als wir mit den Bestimmungsbüchern anfingen; heute sind wir es, die sich besser auskennen, aber unserem Wissen haftet etwas Bemühtes an (eben nicht das ›ohne Warum‹, sondern jener *Vorsatz* des ›ohne Warum‹). Der Vater kennt viele Vögel, ohne daß er je ein Bestimmungsbuch in der Hand gehabt hätte; und während wir unsere ersten Fasane vor zwei Jahren im Wendland in einem winzigen Dorf namens Köhlen gesehen haben, einen Meter neben uns vorbeifliegend wie dicke, bunte Würste in der Luft, berichtet der Vater in Mühlheim davon, daß schon von jeher Fasane seinen Acker besucht haben. Und es ist interessant, daß die Fasane auch für die Leute im Wendland nichts Besonderes waren. Sie waren ja schon immer da, zumindest seit ihrer Auswilderung vor Urzeiten.

Immer wieder trifft man übrigens Menschen, denen man erzählt, man würde gern einmal diesen oder jenen Vogel sehen, und sie sagen einem dann: da müsse man dort und dort hinfahren, da gebe es sie zu der und der Zeit scharenweise. Aber das machen wir nie. Vielleicht aus dem Gefühl heraus, daß sich doch alles zu seiner Zeit einstellen wird. So war es auch mit den Kiebitzen. Immer hieß es: Was, ihr habt nie einen Kiebitz gesehen? Aber da und da ist doch dann und dann alles voll von ihnen, ganze Äcker! ... Und wenn man sie plötzlich dennoch sieht, ist es natürlich ein ganz anderes Erlebnis, als wenn man es erwartet hätte. Es ist kein objekthaftes Sehen, sondern das, was der französische Phänomenologe Jean-Luc Marion ein »phénomène saturé«, ein gesättigtes Phänomen, nennt. Womit er in gewisser Weise sogar nahe an Meister Eckhart dran ist.

Wegen der Kiebitze haben wir dann doch das einzige Mal regelmäßig einen Observationsposten bezogen, nachdem wir sie im Wendland bei Lensian einmal völlig überraschend auf einem großen Feldstück hatten auffliegen sehen. Das ist ja etwas, was Freizeitornithologen so lächerlich erscheinen läßt:

daß sie sich mit Fernglas und Tarnkleidung bewaffnet auf die Lauer legen, wie ein Jäger auf der Pirsch, und das Gesehene wie eine zu gewinnende Trophäe erwarten. Dieser Beobachtung des Lebens anderer Lebewesen von einem für sie uneinsehbaren Versteck aus haftet etwas Voyeuristisches an; das ist vor allen Dingen bei vielen Tierfilmen der Fall, beispielsweise wenn mit hohem Aufwand eine Kamera in einer Spechthöhle installiert wird, damit wir, die Fernsehzuschauer, das Heranwachsen der Jungen (»süß, putzig«) beobachten können. Eine Verwanzung des privatesten Raums. Man stelle sich das einmal bei Menschen vor! Eine der beeindruckendsten Lektüren des letzten Jahres war das Tagebuch von Fridolin Stier, zu Lebzeiten Professor für alttestamentliche Exegese. Auffallend an diesem klugen Buch eines an der Welt und der Verborgenheit Gottes doch eher (ja wirklich!) *leidenden* Menschen ist die Betrachtungsweise der Tiere und manchmal auch der übrigen Geschöpfe, einer Birke etwa, selbst eines Steines … sie entspricht ganz und gar der Weise, wie in diesem Buch auch die Menschen betrachtet werden. Mit demselben Respekt, derselben Sensibilität, demselben Mitleid. Insofern sie blühen und singen, und vor allem, insofern sie welken, leiden und sterben.

Wenn wir hier von unseren Spaziergängen schreiben und dem, was sie uns sind, dann kann man sich immer dabei denken: Was ist denn mit den Grausamkeiten, die da unentwegt geschehen (auch im Wald! auch auf der Wiese!)? Die Lerche, die wir so gern erwarten, frißt den Schmetterling, der gerade zum ersten Flug aufbrechen will. Wir wissen um diese Grausamkeit, und doch, es ist so: Sie ficht den Trost nicht an, und darin steckt etwas Wahres. Wer seine Katze sterben sieht und mit ihr leidet (Fridolin Stier beginnt sein Tagebuch mit dem Tod seiner Katze), der kennt ihre zahlreichen Mäusemorde, aber denkt nicht im Traum daran, sie deswegen weniger zu lieben. Bei Menschen ist das, mit Gründen, anders.

Und so (vermeintlich?) vertraut wir einerseits mit Vögeln, Katzen und Bäumen werden können, so fremd und unheimlich bleibt uns andererseits vieles. Einer von uns hat z.B. große Furcht vor dem Meer. Zwar ist die Zeit lange vorbei, in der man in die Seekarten überall abenteuerliche Ungeheuer hineinmalte, aber: Gibt es in den Tiefen der Meere nicht wirklich Lebensräume, die uns ungeheuer sind? Wenn wir auch täglich frischen Fisch kaufen können, wenn wir unsere Tanker hin- und herschicken, bleibt uns nicht das Meer verschlossen wie nur weniges in der Welt? Etwas von Ehrfurcht spricht noch manchmal aus Meldungen von Forschern, die etwa einen bisher unbekannten Riesentintenfisch entdeckt haben.

Die unheimlichste Vorstellung ist der Tod im Meer.

Aber jetzt hätten wir beinah die Kiebitze vergessen! Hier sind sie: auf dem Boden, jedenfalls auf einem Stoppelfeld im September, und zunächst kaum zu sehen. Das ist seltsam, weil sie nämlich recht auffällig schwarz und weiß gefärbt sind. Doch das Schwarz ist eher ein Braun-Grau-Schwarz und bedeckt den gesamten Rücken; wenn sie also auf dem Boden sitzen oder mit gesenktem Kopf stehen, dann verdecken sie das Weiße. Diese Tarnung (nicht gemacht zur Abwehr menschlicher Erfindungen) hat den Unerfahrenen dasselbe Schicksal eingetragen wie den Lerchen. Die Gelege werden Opfer des landwirtschaftlichen Fortschritts. Aber nicht hier im Wendland, hier sind nur die bereits Erwachsenen auf der Durchreise, und sie sind sehr wachsam. Als wir mit den Fahrrädern ankamen, flogen sie sofort auf, und es wurden immer mehr, die da wegflogen; vorher hatten wir zwar einige dunkle Punkte auf dem Feld gesehen, aber die Auffliegenden waren etwa zehnmal so viele … und auch schon wieder weg, auf einem anderen Feld gelandet, etwa zweihundert Meter entfernt. Wir wußten, wenn wir folgten, würde das gleiche wieder geschehen, sie würden wieder auffliegen, und es war schon dämmrig. Als wir am nächsten Tag an dieselbe Stelle kamen, waren sie tatsächlich wieder da und flogen auf. Uns besprechend mit den Bewohnern des

Dorfes, die versicherten, die Kiebitze blieben über längere Zeit, trafen wir Vorkehrungen. Wir liehen ein Fernglas und versuchten es wiederum am folgenden Tag, planvoll und nun selbst in Tarnkleidung (in gedeckten Farben). Bereits hundert Meter vor dem Kiebitzfeld stiegen wir ab, schoben die Räder noch ein Stück, legten sie dann möglichst vorsichtig am Wegrand auf den Boden und gingen weiter, etwas geduckt und die Augen angestrengt nach vorn gerichtet. Ein Jogger kam vorbei, und die Vögel blieben sitzen, aber dann kam ein Traktor, und die Anstrengung war umsonst. Die meisten Vögel lassen sich nicht stören, wenn man einfach an ihnen vorübergeht. Nur wenn man abrupt stehenbleibt und sich still zu verhalten versucht, schrecken sie auf. Das war auch hier der Fall. Aber die folgenden Tage würden weitere Chancen bieten, und zuversichtlich zogen wir stets aufs neue aus. Wir kamen immer näher an die Kiebitze heran, mit dem Fernglas am Feldrand konnten wir schon einiges erkennen (die beschriebene Färbung), aber es handelte sich natürlich nicht um ein für Vogelbeobachtungen geeignetes, sondern um ein altes, nicht besonders gutes Fernglas. Also zunächst am Feld vorbei, rundherum bis auf einen Weg auf der anderen Seite des Feldes, der ihnen näher war, hier noch ein Stückchen vor und hinter einen großen Strohballen geduckt! Das blieb nun für einige Tage unser

Posten. Abwechselnd lugten wir mit dem Fernglas, und wir sahen alles deutlich, z. B. die auffällige Haube (die wir vorher nur erahnen konnten, weil wir wußten, daß Kiebitze solche Hauben haben, wir hatten sie aber nie deutlich gesehen; jetzt war die Haube gut zu erkennen, bei manchen hing sie herunter wie ein hochgebundener Pferdeschwanz, bei manchen, und zwar bei denen, die aufmerksam waren, war sie hochgestellt). Auch die Farben waren nun differenzierter … das Rückengefieder ist nicht einfach dunkel, sondern schillert manchmal grünlich, wie ein Abendkleid. Wir kamen noch öfter wieder, und sie waren tatsächlich stets auf ein und denselben Feldern zu finden, bis sie sich verabschiedeten, vielleicht gen See, mit ihrem hohen *kiiiiiwitt* und den seltsam wuchtelnden Flügelschlägen, die sie ein wenig unbeholfen aussehen lassen in der Luft.

Ginkgo im Herbst

Vor kurzem, im Herbst, gingen wir in einem Stuttgarter Park spazieren und lernten, daß nicht nur Birnbäume und Bärlauch stinken, sondern auch Ginkgos. Und wie! Das hatten wir bisher nie bemerkt. Unser Begleiter machte uns darauf aufmerksam, weil wir über eine Distanz von vielleicht zehn Metern mehrfach angewidert auf unsere Schuhsohlen blickten. Er klärte uns auf: Wir seien mit Sicherheit gerade an einem Ginkgo vorbeigelaufen, es stänken aber nur die weiblichen Früchte, die daher von gefräßigen Kleintieren verschmäht würden. Dadurch sei die Fortpflanzung gesichert. Daraus folgerten wir zweierlei. Erstens: Es gibt männliche und weibliche Bäume. Ebenso wie es offensichtlich auch einige männliche und weibliche Zucchini gibt, wenn wir uns recht an ein Gespräch mit dem Mühlheimer Vater erinnern. So hat er jedenfalls erklärt, warum einmal eine einsame Zucchinipflanze auf dem Frankfurter Balkon nur Blüten entwickelt hatte, aber keine einzige Frucht (das nur nebenbei für diejenigen, die vielleicht einmal dasselbe Problem hatten). Zweitens: Wir sind offensichtlich noch nie im Herbst an einem weiblichen Ginkgo-Baum vorbeispaziert. Das halten wir zwar für unwahrscheinlich, aber zugegebenermaßen können wir uns heute auch nicht mehr vorstellen, daß wir jahrzehntelang nicht zur Bärlauchzeit im Wald waren. Eigentlich noch unwahrscheinlicher! In jenem Stuttgarter Park entspann sich ein Gespräch über den Zusammenhang von Gestank und Zähigkeit in der Natur (das können wir hier nicht wiedergeben); nur soviel: Der Bärlauch stinkt und breitet sich über den gesamten Waldboden aus; der Ginkgo-Baum stinkt und hat Hiroshima überlebt. (Sagte zumindest eine Biologie- und Politiklehrerin vor zehn Jahren bei einem Besuch im Frankfurter Palmengarten, es war Sommer.) Und er soll ja auch, nach chinesischem Rezept zu Saft gepreßt, müden Menschen zu neuer Spannkraft verhelfen. Bisher war der Ginkgo für uns stets verknüpft mit der Symbolik des bekannten Goethe-Gedichts: die zärtliche Innigkeit des Blattes, in dem zwei zu einem vereint scheinen ... Auch Bäume haben eben verschiedene Gesichter.

Und wie Menschen erinnern manche Bäume an andere, vergangene Bäume. Es ist meist nicht der einzelne Baum, sondern das Bild, das er zusammen mit seiner Umgebung abgibt: der Wiese, auf der er steht, der Gruppierung verschiedener Bäume zueinander, einer Farbwirkung – oder es ist ein bestimmter Lichteinfall ausschlaggebend. In dem Stuttgarter Park mit den Ginkgos war das plötzlich der Fall und löste ein eigenartiges Gefühl aus – offensichtlich das, was man

Heimweh nennt oder, um bei unseren Vokalen zu bleiben, Wehmut. Eine Wehmut nach dem Frankfurter Hauptfriedhof und den hohen Bäumen darin, durch die das Licht zu bestimmten Tageszeiten so hereinfällt, daß es ein Hell-Dunkel-Muster auf den Weg zeichnet. Der Gang über den Hauptfriedhof im Herbst gehört einfach zum Frankfurter Herbst, und er war weit weg – für einen von uns –, und das sorgte bei ihm für Heimweh. Wir wollen allerdings kein falsches Bild vermitteln von diesem Friedhof, er liegt an einem der großen Verkehrsknotenpunkte Frankfurts und ist dementsprechend verkehrsumbraust. Dicke alte Mauern halten den Lärm nur notdürftig ab, erzeugen aber gerade deshalb vielleicht eine Art trotzige Behaglichkeit, die man den Frankfurter Toten wohl noch gönnt. Es ist kein toter Ort, keine morbide Atmosphäre, eher ein Ort, an welchem dem Leben die Schnelligkeit genommen ist und man Zeit hat zu betrachten: die Bäume und das Licht etwa, und auch die Vögel sind hier, so scheint es, langsamer als sonst und besser zu beobachten.

Wir berichten hier meistens von Wegen, die uns vertraut sind oder die wir zumindest öfter gegangen sind. Wir gehen eigentlich am liebsten immer dieselben Wege und immer an dieselben Orte; würden wir das nicht tun, würden wir dieses Buch hier kaum schreiben. Und bei allem erinnern wir uns an das erste Mal, obwohl wir direkt nach diesem ersten Mal gar nichts zu schreiben gewußt hätten. Es ist uns rätselhaft, daß viele Leute (um ihren Urlaub zu machen etc.) jeweils dahin fahren, wo sie noch nicht waren, ja, daß sie sogar als Begründung für ein Ziel angeben, daß sie da noch nicht waren, und umgekehrt ein anderes Ziel kategorisch ausschließen, weil sie da eben schon waren. Die Dinge bekommen ihre Bedeutsamkeit, ebenso wie Freunde, erst nach einer gewissen Zeit, und auch das merkt man manchmal erst, wenn sie weg sind.

Es ist also ein großer Unterschied, ob man einen Weg kennt oder ob man ihn das erste Mal geht. Wenn man ihn zum ersten Mal geht, dann nimmt man unter Umständen alles völlig anders wahr als später, wenn er bekannt ist, und erst allmählich verknüpfen sich die Erinnerungsbilder des ersten Gangs mit den Eindrücken der folgenden Gänge. Ein Weg, den wir nun länger nicht mehr gegangen sind, ist der über die Bad Nauheimer Skiwiesen (es war schon weiter oben einmal die Rede von ihnen) und in das angrenzende Waldstück, das zum Gipfel des Johannisbergs führt, der an den Kurpark angrenzenden einzigen größeren Erhebung der Stadt. Beim ersten Mal waren in diesem Waldstück Arbeiter, Bäume wurden gefällt, es gab Absperrungen, und wir kamen daher auf Abwege – der Wald erschien uns bei diesem ersten Gang relativ unübersichtlich und auch ziemlich groß, auch wenn der eine von uns wußte, daß er nicht besonders groß sein konnte, er war ja als Kind schon in diesem Wald und auf den Wiesen spazieren gewesen (er wurde sogar bereits im Kinderwagen dort umhergefahren, aber damals sah er nur die Blätter und die Vögel und die Wolken am Himmel). Nun ja, es waren da irgendwelche Hütten, in einer saß ein ärmlich gekleideter Mann (hauste der da oben?), alles seltsam, aber ein Rotkehlchen sang sehr schön, und wir folgten ihm. Dann war da ein kleiner Tunnel aus Bäumen, das Licht fiel von allen Seiten herein und warf Lichtflekken auf den mit bunten Blättern bedeckten Boden, und siehe da, er endete wieder auf einer Wiese: eben der Skiwiese. Der diffuse Eindruck des ersten Mals erscheint uns heute lächerlich, und er wird jedem Bad Nauheimer lächerlich erscheinen, denn es ist ja alles sehr übersichtlich da. Es hat sich dann, mosaikartig, eine feste Runde entwickelt, ein typischer Sonntagsspaziergang. Und es gibt sie auch immer noch, die Skiwiesen; nein, es ist kein Golfplatz aus ihnen geworden, ein Bürgerbegehren hat das im letzten Moment verhindert, zumindest vorerst. Vielleicht kommen Golfplätze doch langsam wieder aus der Mode. Wir können unseren Weg also auch weiterhin noch gehen. Ausgangspunkt: die von uns sogenannte Terrassenwiese, eine am Fuß des Johannisbergs liegende Streuobstwiese. Hier sind wir zum ersten Mal hingelaufen auf der Suche nach dem Pirol; die Wetterauer Zeitung hatte ihn gemeldet: Der Pirol sei angekommen, von seinem Winterquartier aus X, er sei zwar schlecht zu beobachten, aber man habe gute Aussichten, ihn zu sehen auf jener Streuobstwiese. Wir kamen hin und waren ausdauernd und sahen keinen Pirol, wir sahen nie einen Pirol (aber hier hörten wir nicht einmal einen, es war wohl eine Zeitungsente). Dafür sahen wir anderes: eine Singdrossel, ein Reh und den Weißdorn.

Die Singdrossel, eine sehr imposante, saß auf einem recht exponierten Ast. Wir haben uns auf eine Bank in Sichtweite gesetzt und ihr bestimmt eine halbe Stunde lang zugesehen und vor allem zugehört. Der Gesang der Singdrossel unterscheidet sich von anderen Vogelgesängen dadurch, daß sie jede Tonfolge (manchmal auch nur einen einzigen Ton) dreimal wiederholt; täte sie das nicht, könnte man sie von der brillanten Stimmlage her auch für eine Amsel halten (sie gehören ja auch zur selben Gattung: *Turdus merula*, die Amsel, und *Turdus philomelus*, die Singdrossel). Die Strophenteile der Singdrossel sind allerdings niemals so lang wie bei den Amseln. Dafür sehr variantenreich. Die Singdrossel hat ihren Namen also wirklich zu Recht, auch wenn manchmal ein Schnarren dazwischen ist.

Das Reh kam unerwartet, wir hätten nie vermutet, daß Rehe diese Stelle aufsuchen könnten. Gehörte das Areal vielleicht einem Hobbyjäger, der dort Wild ausgesetzt hatte, um es zu schießen? Wie in dem Film »Halali oder der Schuß ins Brötchen«? Allerdings war unseres ein kleines junges Reh, im besagten Film dagegen läßt ein vergreister, fast blinder Jäger, der sich kaum noch bewegen kann, einen »kapitalen Hirsch« ankarren, um ihn von einem elektrisch justierbaren Hochsitz aus zu schießen. Und der Hirsch entpuppt sich dann auch noch als Plastikattrappe. Unser Reh nicht, es war unvermutet gekommen und unvermutet auch wieder weg.

Der Weißdorn säumt die Wiese im Frühjahr, und zwar im Mai. Auch das war eine Überraschung. Nachdem wir das weiße Gesträuch dort gesehen hatten und nicht wußten, um was es sich handelte, suchten wir im Bestimmungsbuch, und siehe da: Es war Weißdorn, der Frühlingskünder bei Marcel Proust. Für ihn war es aber im Mai zu spät, und er hatte auch gerade erst angefangen zu blühen. Offensichtlich handelt es sich um eine komplizierte Geschichte, wir haben sie bis heute nicht völlig entwirren können, wir haben allerdings auch nie ein Buch über Proust gelesen, vielleicht ist die Frage also längst literaturwissenschaftlich geklärt. Also: Es könnte sein, daß Proust (vielleicht wie auch wir damals, nachdem wir Proust gelesen hatten) die Schlehe für Weißdorn hielt. Schlehen blühen sehr früh, sie haben Dornen wie der Weißdorn, und sie blühen zudem in einem leuchtenden, die Landschaft beherrschenden Weiß, wogegen der Weißdorn seine Blüten erst nach den Blättern bekommt und diese also weniger auffallen. Es könnte aber auch sein, daß man im Französischen die Schlehen auch als Weißdorn bezeichnet (wie gesagt, sie sind weiß und haben Dornen). Wir sind dem nie auf den Grund gegangen und werden es hier auch auf sich beruhen lassen.

Geht man hinter der Terrassenwiese in den Wald hinein, ein Stück den Weg nach oben, dann gelangt man zu den besagten Skiwiesen, über die man dann wieder in die Stadt hinunterlaufen kann. Sie bestehen eigentlich aus zwei Teilen. Den oberen säumen einige Eßkastanienbäume, von denen wir manchmal im Herbst ernten. Hier begegnet man kaum jemandem. Der untere Teil dagegen ist ziemlich belebt. Neuerdings gibt es auch Picknicker im Sommer, und schon immer: Hundeausführer – was in Frankfurt der Gang um den Block ist, ist in Bad Nauheim der Gang um die Wiese. Die meisten Hundeausführer erkennt man daran, daß sie, ohne auf irgend etwas um sich herum zu achten, konzentriert etwa einen Meter vor sich auf den Boden blicken. Man erkennt sie natürlich auch an ihren Hunden und eventuell an den sehr frühen oder sehr späten Uhrzeiten, aber viele machen ja die Leinen ab, damit der Hund sich austoben kann, und sie gucken dann eben auch so, als hätten sie mit dem Hund gar nichts tun. Und eben das verrät sie, ihr Spaziergang hat diesen bestimmten Zweck, nämlich dem Hund Auslauf zu geben, der Spaziergang selbst interessiert sie in keiner Weise. Was sollen sie auch machen, ein Hund braucht ja zugegebenermaßen Auslauf, und da ist der Gang um die Wiese immerhin geeigneter als der Gang um den Block. Bei den meisten, wie gesagt, ist es vermutlich so, aber es gibt wohl auch solche, die deshalb einen Hund haben, weil sie gern spazierengehen und ein Hund sich daher gewissermaßen anbietet.

Von den Skiwiesen aus führt ein Verbindungsweg zum Kurpark, sonntags bei schönem Wetter sind dort Scharen von Menschen unterwegs, auf den Wegen, in Booten auf dem See und in den Cafés drumherum. Wir laufen gern in diesem Gewimmel. Es macht uns den Enten ähnlich, die ebenso durcheinander herumwatscheln und -schwimmen, auf den Wegen und auf dem Teich. Es wirkt manchmal unbeholfen. Doch wenn sie vom Wasser abheben, in einer flachen Kurve über unsere Köpfe hinweg, und wieder landen in bewundernswert abstoppendem Schwung, dann ist da eine Eleganz … wie wenn ein Mensch plötzlich für Sekunden Flügel ausbreitete, abhöbe und sich zum Engel verwandelte … Solche plötzliche Eleganz und Leichtigkeit und Selbstverständlichkeit der Bewegung sind es vermutlich, die für viele Leute Leistungssport so anziehend machen. Bei den Enten ist es aber so, daß sie alle gleich gut fliegen können, vermutlich wissen sie nicht einmal um ihre Fähigkeit, deswegen ist ja auch ihr Flug so anmutig. Wie menschliche Anmut besonders schön ist, wenn sie nicht um ihre Anmut weiß (sie ist dann, so sagt man, natürlich!).

Bevor wir nun aber noch weiter in die Sphäre der Engel hineingeraten, wollen wir das Kapitel lieber mit dem Gelbspötter beschließen. Den haben wir in der Nähe von Wiepersdorf gesehen, neben einer kleinen Burgruine (zu der wir mit dem Rad gefahren waren), in ähnlich exponierter Lage wie die oben beschriebene Singdrossel. Die Vögel kommen denen, die ihnen zuhören wollen, ja oft entgegen, indem sie sich zum Gesang gern auf gut sichtbare Plätze setzen. Der Gelbspötter begann mit seiner Vorstellung vor der Kulisse der Burgruine in der Mitte einer waagerecht davor gespannten Leitung (es hatte tatsächlich etwas von einem Freilichttheater). Allerdings sahen wir zunächst gar nicht hin, weil wir eben noch mit dieser Burgruine beschäftigt waren. Doch plötzlich begann ein solches auf und ab modulierendes Gezeter über unseren Köpfen, daß wir unwillkürlich emporschauten. Daß dies unfehlbar ein Gelbspötter sein mußte, obwohl wir noch nie einen gehört oder gesehen hatten, war uns vom ersten Augenblick an klar. So etwas gibt es sonst nicht. Es tragen fast alle Vögel ihren Namen zu Recht, aber keiner so sehr wie der Spötter (er ist zudem gelblich gefärbt, deswegen Gelbspötter). Die Breite seines Repertoires an Stimmlagen und Melodiefolgen ist so immens und doch, im Vergleich zu den Stimmen, die er imitiert, stets verzerrt – er äfft einfach alles nach und ist ein großer Komödiant. Er macht sich lustig über die Welt, über seine Artgenossen, die Vögel, über die anderen Tiere, genauso wie über uns, die wir ihm zuhören (ganz anders übrigens als Papageien, nämlich viel kreativer und ganz als er selbst). Die Vorstellung dauerte etwa eine halbe Stunde, und er wurde nicht müde in seinem Spott. Hätte er uns gesehen unter dem stinkenden Ginkgo im Herbst, er hätte noch lauter gelacht als damals. Und dabei ist sein Gelächter auch noch ansteckend – wer ihn hört, muß selbst lachen über sich und die Welt.

Vor einiger Zeit verbrachten wir ein Jahr im hannoverschen Wendland, einer spröden Gegend, einer der schönsten Gegenden in Deutschland, wenn auch nicht lieblich, sondern windig, flach und ohne besondere optisch markante Punkte, abgesehen vom Höhbeck, der einzigen Erhebung dort. Es ist eine Region mit viel Landwirtschaft, aber nicht so durchforstet wie die Brandenburger Gegend um Wiepersdorf, und natürlich überhaupt nicht so katalogmäßig touristisch verwertbar wie der Odenwald, wo wir bei der Begegnung mit dem Kleiber zum ersten Mal den Gedanken gehabt haben, ein Buch zu schreiben über unser erstes Mal mit den Vögeln und den Pflanzen. Und das Wendland ist auch nicht von einer solchen Gottesanwesenheit wie der Rheingau, am Rhein entlang bis zur Loreley. Das Wendland ist insgesamt nicht so begütert. Die Kinder und Säuglinge sollen hier im neunzehnten und auch noch im zwanzigsten Jahrhundert niederprozentiges Bier statt Wasser bekommen haben, weil das Wasser zu schlecht und voller Keime war. Viele behaupten, das habe auf den Landstrich abgefärbt. (Es wird noch heute viel dort getrunken.) Man sprach hier früher etwas, was niemand verstand außer den Sprechern, das sogenannte Drävänopolabische. Es ist heute ausgestorben. Von der Kuriosität des Klanges jener Wenden aus dem Wendland zeugen noch die Ortsnamen, von Waddeweitz bis Reddebeitz, von Meuchefitz bis Satemin. Oder man geht ins Museum nach Lübeln, dort kann man vom Band die Rekonstruktion eines dravänopolabischen Vaterunser hören. Eine Sprache, von der nichts übriggeblieben ist als ein Gebet!

Der Ort, in dem wir lebten, war typisch für die Gegend und hieß Schreyahn. Das ist ein Rundlingsdorf im Landkreis Lüchow-Dannenberg. Ein Rundling ist eine ehemalige Siedlungsform der Wenden, jahrhundertealt. Eine Handvoll Häuser wird um einen runden Platz herum gebaut, die Häuser stehen mit ihren Scheunentoren zum Mittelplatz hin. Dieser runde, frei gelassene Platz heißt »Dorf«. Man geht aufs Dorf heißt: Man geht die achtzig Schritte hinaus auf diesen Platz. Dort findet das soziale Leben der Dorfbewohner statt, wobei der Ausdruck »soziales Leben« irgendwie unpassend ist, denn das »soziale Leben« der Schreyahner ist viel älter als der Ausdruck selbst. Nennen wir es einfach: Leben. Im Sommer sitzen sie am alten Milchtisch unter den Eichen und trinken Bier und essen Würstchen. Erst mit der Zeit merkt man, wie wichtig ihnen das ist, da zu sitzen, Bier zu trinken und Würstchen zu essen. Das heißt, den Männern. Die Frauen können es mitunter nicht leiden, daß die Männer aufs Dorf gehen. Zu Hause schreien die Kinder, aber die Männer müssen aufs Dorf! Müssen es mähen, müssen die Zäune streichen, müssen die Straße fegen, das Laub zusammenklauben, müssen auf die Dorfversammlung (beim Milchtisch), müssen zum Frühschoppen. Oder müssen den Rasenmäher reparieren (Keilriemen kaputt) oder müssen nochmal zum Nachbarn. Oder müssen heute unbedingt noch ein Faß aufmachen.

Mit der Zeit haben wir Schreyahner Sprachkunde gelernt: »Ich habe mit dem noch ein Faß aufzumachen« heißt: Man hat mit ihm noch was zu regeln. »Das ist ein anderer Schnack« heißt: Das ist ein anderes Thema. Zur Begrüßung oder beim ersten Anstoßen sagt man: »Vertragen wir uns wieder.« Die Antwort lautet: »War nicht so gemeint.« Der Nachsatz: »Aber der alte Groll bleibt dennoch.«

Platt sprechen nicht mehr viele. Ulrich Techand, halber Landwirt und in Uelzen bei einer Genossenschaft als Automechaniker beschäftigt, spricht noch Platt, wenn er will, nur mit wem? Oder Herwald Schulze, der vorvormalige Dorfsprecher, ein Mann mit Hut, Sakko und blauer Schürze. Gepflegt wird das Platt nicht. Das mag mancher schade finden. Aber wenn eine Sache »gepflegt« wird, ist es ohnehin mit ihr vorbei, das ist der Beginn des natürlichen

Todes. Übrigens hat man im Wendland andere Sorgen.

Früher wurde meist noch eine Klapptheke mit Zapfanlage aus der Diele des Dorfsprechers geholt und beim Milchtisch errichtet, aber heute trinkt man meistens Krombacher-Elf-Liter-Fässer mit Schnellzapfanlage und Kühlgürtel. Das Dorf ist sommers voller Nachtigallen. Es ist das Dorf der Nachtigallen.

Wir haben in Schreyahn unsere erste Nachtigall gesehen. Gehört hatten wir schon viele, gerade in der Wetterau, nachts sind wir oft losgegangen an unseren Bahndamm, allein wegen der Nachtigallen. In Frankfurter Bürostadtteilen haben wir sie gehört, tagsüber um vier, in Potsdam in der Maulbeerallee, im Park Sanssouci, eigentlich haben wir überall Nachtigallen zu ihrer Zeit gehört. Aber gesehen hatten wir nie eine. Erst in Schreyahn.

Das Wort Nachtigall kannten wir, da kannten wir noch gar keine Nachtigallen. Wir kannten es von Shakespeare, den wir kannten, bevor wir Nachtigallen kannten, und zwar natürlich aus der berühmten Szene in Romeo und Julia, die uns später, als wir Nachtigallen bereits kannten und nachts aufsuchten wie etwas, nach dem wir süchtig waren, noch einmal beschäftigte, und zwar analytisch beschäftigte, denn wir verstanden den Satz »es war die Lerche und nicht die Nachtigall« nicht mehr. Es gibt keinerlei Ähnlichkeit zwischen dem Gesang einer Lerche und dem einer Nachtigall. Wie konnten die Protagonisten beide Gesänge verwechseln? Deutlicher gesagt: Wenn jemand so viel weiß, daß er Nachtigallen erkennt und benennen kann (was nicht schwer ist, weil sie eben nachts oft ganz allein singen), dann kann er den Gesang einer Lerche nicht mit dem einer Nachtigall verwechseln. Shakespeare hat wohl insofern recht, als daß er den Nachtigallengesang zum Zeichen der Nacht macht, aber in Schreyahn sangen sie zu jeder Tages- und Nachtzeit, wie wir gleich anhand unserer Aufzeichnungen schildern werden. Man hätte auch morgens um sechs Uhr (oder wie spät ist es in jener Liebesszene?) eine Nachtigall erwarten können. Es liegt allerdings hierin kein Rätsel. Shakespeare hat nur seinen Protagonisten noch feinere Ohren gegeben, als wir vermuteten (wenn man nicht davon ausgehen will, daß sie einfach ins Blaue hinein irgend etwas von Lerchen und Nachtigallen reden, denn vielleicht singen da sowieso gerade ganz andere Vögel in jener Szene ... so hätte auch der Schiedsrichter auf der Terrasse im Odenwald vor dem Birnbaum sitzen und angesichts des Kleibergesangs rufen können: Hört ihr den Spatz?!).

Wir meinen, wenn wir von einer Lerche reden, eigentlich immer eine Feldlerche (*Alauda arvensis*).

Ruft *tschrl* oder *tschrüp,* flötet und trillert und macht das im Flug, vorzugsweise nicht nachts. Nachtigallen dagegen singen, wie gesagt, gern nachts. Sie sind einsam, wenn sie singen, und manchmal werden sie hell und klar wie eine Sehnsucht mitten in der Nacht. Ihr Gesang wird bisweilen auch als Schluchzen bezeichnet. Die Nachtigall hat den wunderschönen lateinischen (und griechischen) Namen *Luscinia megarhynchos.* Sie singt im Baum und im Gebüsch und ist sehr scheu. Die Feldlerche schluchzt nicht, sie scheint sich zu freuen und ist plapperhaft.

Es gibt aber, um zu Shakespeare und den feinen Ohren seines jungen Liebenspaars Romeo und Julia zurückzukommen, noch andere Lerchenarten, die auffällige Haubenlerche (*Galerida cristata*, hat eine Haube wie die Haubenmeise, das Haubenmeislein, *Parus cristatus*, unser Seelenvogel, der uns immer so freut) und die unscheinbare Heidelerche, und genau sie ist Shakespeares Vogel, denn sie sitzt in Bäumen, das machen andere Lerchen nicht, und ihr Gesang ist dem der Nachtigall sehr ähnlich, davon zeugt auch schon ihr lateinischer Name, der onomatopoetisch ist, *Lullula arborea*. Lullula, das ist ihr Gesang.

Allerdings hat Shakespeare seinem Liebespaar eine wirklich schwere Aufgabe gestellt, denn die Heidelerche ist bei aller stimmlichen und örtlichen Verwechselbarkeit mit der Nachtigall außerdem noch ein ausgesprochener Nachtsänger. Wären wir Romeo und Julia in dieser Szene, könnte man das Stück an dieser Stelle abbrechen, weil wir nicht einmal auf den Gedanken gekommen wären, es wäre keine Nachtigall, selbst wenn es eine Heidelerche war. Auf den Gedanken, es könnte eine Heidelerche sein, hat uns nämlich nur Shakespeare gebracht – wir könnten das gar nicht unterscheiden. Wenn wir in der Morgendämmerung heutzutage eine Nachtigall hören, quälen wir uns gern mit der für uns völlig unbeantwortbaren Frage, ob es nicht vielleicht doch gerade eine Heidelerche ist, die wir hören.

Oder, um den Gedanken umzudrehen und auf die gegenteilige Spitze zu treiben: Vielleicht ist alles ganz anders in dieser Szene! Romeo hat möglicherweise überhaupt keine Ahnung von Vogelstimmen, so wie unser Schiedsrichter im Odenwald, und redet nur deshalb irgendwas von einer Nachtigall daher, weil er irgendwie diffus meint, der Vogel singe eher nachts (steckt ja im Namen, *nightingale*), und weil er auf diese Weise seinen Aufenthalt bei Julia verlängern will, nämlich indem er suggerieren will, es sei ja eigentlich noch mitten in der Nacht. Vielleicht trällert aber wirklich inzwischen eine stinknormale Feldlerche über dem nächstgelegenen Feld, und Julia sagt (sinngemäß): Nein, lieber Romeo, das ist ein völlig anderer Gesang, und den gibt es wirklich nur tagsüber, es ist die Feldlerche.

Zurück ins Wendland! Hier sei unser erster Spaziergang in und um Schreyahn hingesetzt, wie wir ihn erlebt und aufgeschrieben haben im Blumenbuch, ganz stichwortartig. Es ist eine Notiz der ersten drei Tage im Wendland und in Schreyahn. Die Eintragungen seien erwähnt, um zu zeigen, was wir damals kannten und nicht erkannten, und vor allem um zu zeigen, wie wir einen Ort wie Schreyahn sehen, wenn wir ihm zum ersten Mal sehen. Als wir ankamen, hatten wir, wie gesagt, noch nie eine Nachtigall gesehen, aber ihr Gesang war uns vertraut.

4.5.03 Schreyahn. Ankunft. Eine schwarze Katze pirscht direkt vor dem Haus auf dem Rundlingsplatz. Hier sind überall Nachtigallen. An einem kleinen Bach im Norden sehen wir fast welche. Noch keine so laut und nah gehört wie da. Vor dem Fenster sind ebenfalls welche. Aus der Entfernung klingen sie wie ein Froschteich. Nachts gibt es hier nämlich viele Frösche, leichte Ähnlichkeit.

Finken sind da, Meisen, vor dem Dorf mindestens zwei Goldammern (»ich hab dich lieeeb«), wir sehen drei Lerchen (Schwanz mit weißen Streifen). Schwalben auch. Auf einem Feld in der Saat sehen wir einen Storch staksen, gemächlich auf und ab. Übrigens unser erster Storch auf einem Feld. Auf dem Rundlingsplatz Sperlinge? die einen Schauflug machen; wg. Paarung? Starten, flattern auf der Stelle oder kehren sofort zurück. Wir können sie nicht genau erkennen. Sie sehen aus wie Sperlinge, aber verhalten sich irgendwie nicht so.

Der Mond ist noch fast neu, aber ganz zu sehen als Silhouette. Sieht aus wie in *Heimat eins* (Edgar Reitz).

Eine etwas helle rote Nesselart, am Bachufer Gundermann mit sehr großen Blättern, Hahnenfuß, viele Nesseln.

5.5. Nachts ab vier der Marder im Holzboden. Es klingt wie Kegeln. Morgens wieder die Nachtigallen ganz nah, hinter dem Haus ist ein Wäldchen, die Vögel sind zwei oder drei Meter von uns entfernt. Finken, Grasmücken, ein Stieglitz hüpft gegen zehn Uhr dreißig über unseren lichtlosen Vorplatz.

Spaziergang nach Lensian: am Weg Löwenzahn, großer Gundermann, kleine Knoblauchsrauke. An der Straße entlang verläuft ein kleiner Bach, dort sehen wir am Gestrüpp einen Zaunkönig, der wie eine Amsel am Abend tickst. Im Gebüsch dort mehrere Vögel, ziemlich umherfliegend, wahrscheinlich Grasmücken, ganze obere Kopfhälfte schwarz, hoher Kopf. Zwei Finken unterhalten sich in Lensian über die Straße. Später fliegen zwei verliebt hintereinander her. Auch Falter, weiße wie schwarze, wirbeln in der

Sonne immer mal wieder umeinander wie ein kleiner Sturm. Lerchen fliegen über das Feld, im Ort Ganse sehen wir noch einmal Wiesenschaumkraut, Vergißmeinnicht ist da. Am Dorfrand zwei kleine, schlanke, vielleicht oben etwas bräunliche Vögel mit halblangem, sehr schmalem, geradem Schnabel. In einem Baum ein kleiner, schmaler, grauer (brauner?) Vogel, klingt wie eine Zikade – also ein Feldschwirl. Wir hören einen Zilpzalp. Auf einem Zaun, und von da auf einen Ast flatternd und wieder zurück, ein prächtiger Stieglitz, unser schönster, lange zu sehen übrigens, und sehr nah. Seltsam, daß er am Flügel gelb ist in der Binde, aber vorne hinter dem Rot weiß. Sehr bunter Vogel, und zugleich zart. Schafe in den Gärten, Ziegen und winzige Böcke mit s-artig gewundenen Hörnern. Im Ährenfeld sitzt eine Katze und schaut vor sich hin. Stare sind hier auch viele, einmal stürmen zwei Schwalben einen Meter an uns vorbei und drehen vor einer Hauswand wieder ab, wie im Brixener Kreuzgang vor zwei Wochen. Auf dem Rückweg sehen wir eine Nachtigall fortfliegen, ohne etwas zu erkennen. Auf dem Haus der Oelke-Familie (Oelke ist der derzeitige Dorfsprecher) sehen wir das Storchennest. Der eine Storch steht eine halbe Stunde herum, gähnt einmal, kratzt sich mit dem Bein am Kopf, putzt sich, dann fliegt er davon, indem er sich quasi erst einmal herunterfallen läßt. Das Nest und die Störche werden immer mehr zur Silhouette, denn die Sonne ist dahinter. Ein farbiger Sonnenuntergang findet nicht statt. Man kann über den Tag hier sagen: Entweder die Kuh muht, oder die Schafe blöken. Das geht hier immer so.

6. 5. Nachts kurz der Marder. Da das Wetter schlechter wird, dominieren heute die Amseln. Und eine Sensation: Um 13.35 am 6. 5. 03 unsere erste Nachtigall: Sie spaziert neben dem Gebüsch am Rand über die Terrasse. Wie im Lehrbuch, grau, große Augen, allerdings ist der Vogel etwas größer als erwartet.

(So kam es uns ja auch beim Eisvogel vor, der im Zuge der Licherwerbung zwar tausendfach abgebildet wurde, aber ein Gefühl für seine Größe bekommt man doch nur beim wirklichen ersten Mal, und nicht auf den Plakaten.)

Soweit unser Blumenbuch.

Vor unserem Fenster stand die Büste eines Mannes, den wir nicht kannten und den wir zunächst für einen Lokalmatador hielten, der Name des Mannes war schön, aber für uns unbekannt (so schnell kann man vergessen werden!). Der Mann hieß Born, wie der Brunnen, z. B. wie der Maien*born*, der Erinnerungsbrunnen in Wilhelm Raabes letztem und schönstem Werk *Altershausen*, auch einem Nachtigallengesang. Born, mit Vornamen Nicolas. Wir kannten ihn, wie gesagt, nicht. Der Mann, den die Büste darstellte, sah alt aus, nicht glücklich, eher sorgenvoll. Dabei war er doch, wie wir heute wissen, ein lebensfroher Mensch gewesen. Aber davon wußten wir nichts, und auch nichts davon, daß der Mann, den die Büste darstellte, Lungenkrebs hatte wie unser Wirt in Wiepersdorf, und daß die Büste ihn vielleicht sogar in seinen letzten Monaten darstellte, als er unter anderem noch seinen letzten Urlaub im Leben machte, mit Günther Grass im Norden, der dann wenige Monate später einige Totenworte auf seinen Freund sprach auf dem Kirchhof von Damnatz, wo er heute liegt, Nicolas Born.

Auch Nicolas Born war ein Spaziergänger. Mit ihm kann man durchs Elbholz gehen. Das Elbholz ist ein Gebiet in der Nähe des erwähnten Höhbeck, in Lüchow-Dannenberg. Nicolas Born hat dem Elbholz eines der schönsten Gedichte in unserer Sprache gewidmet, *Ein paar Notizen aus dem Elbholz* heißt es in der Born eigenen Lakonie. Geschildert wird nichts weiter als ein Gang durch das Elbholz, ähnlich den Gängen in unserem Blumenbuch, aber unsere Notizen sind bloße Notizen, und Borns Gedicht *Ein paar Notizen aus dem Elbholz* ist ein Gedicht, ein Gesang aus Worten.

Hier bin ich, wo die gestanzten Horizonte
nicht sind ...

Im Elbholz, überhaupt im Wendland, wo Born hinging, als hätte er dort Ruhe und die Abwesenheit menschlichen Handels finden können. Mit den gestanzten Horizonten meinte er vielleicht die Stadtsilhouetten seiner Herkunft im Ruhrgebiet. Dafür ging er ins Wendland, und kaum war er da, kam Gorleben, und heute sind die gestanzten Horizonte immer noch nicht da, aber wir sind da, unsere strahlenden Stoffe, mit denen nichts mehr so ist, wie es vorher war, auch nicht das Elbholz, für die nächsten Hunderttausend Jahre nicht.

Augenblicklich nach dem Wiederlesen
der Idyllen von Geßner rausgefahren
Auto in den Graben bei den wurzelnden Füßen
des Höhbecks und ins Elbholz gegangen
für fünf sechs Stunden wie auch die folgenden
Tage

Das Gedicht handelt von Eichen, von Schilf, von Schwänen, von Schauern, »Die jungen Birken halten immer noch das Laub«, von den Seelen der Bäume, der Entengrütze an den Stiefelschäften. Man kann noch heute, Jahrzehnte danach, alles wiederfinden, wovon Born Ende November neunzehnhundertsiebenundsiebzig schrieb, auch die drei am Deich knienden Häuser sind noch da. Man kann, mit dem Gedicht in der Hand, wie Born durch das Elbholz gehen und dasselbe sehen, mit seinen Augen, als eine große Bewahrung. Nicolas Born hat den Dingen ihr Sein gelassen und in seiner Sprache für uns aufgehoben. Borns Gedicht ist das Gegenteil von Vernichtung. Man müßte Borns Elbholzgedicht schildern wie einen Vogelgesang. Es ist tatsächlich eine Ähnlichkeit da, mehr als das. Dieses Gefühl haben wir oft bei Werken, die uns nahe sind. Es sind Gesänge ›ohne Warum‹. Vielleicht machen wir zwischen Nachtigallen und Zaunkönigen und Rotkehlchen und ihrem Gesang und Raabe und Born und anderen keinen so großen Unterschied wie zwischen, sagen wir, den Büchern Raabes und einer bundesdeutschen Autobahn. Alles oben Genannte gehört in Kategorie eins, zu den Menschen und Dingen (unseretwegen »der Natur«), insofern sie sind, singen, blühen, leben, welken und sterben und die Welt sein lassen, sie vielleicht nur ansingen. In die Kategorie zwei gehören die Menschen, insofern sie handeln und ihre Taten rechtfertigen wollen, ihren Handel, ihren Verkehr, ihr Wachsen. Vielleicht ist es das, was wir suchen bei unseren Gängen: die Abwesenheit von uns. Von uns als Kategorie zwei. Möglicherweise suchen wir in den Dingen, im Ehrenpreis, im Zaunkönig, in Raabes Romanen oder in Borns Gedicht *Ein paar Notizen aus dem Elbholz* genau das: die

Abwesenheit von uns, insofern wir die Welt verändern mit unseren Gründen und unserem Warum.

Kein Mensch könnte das in Unordnung halten
dies klare Durcheinander des Wachsenden
übereinander Hergefallenen …

Deshalb ist jeder Spaziergang eigentlich immer das Gegenteil von beschaulich. Jeder Spaziergang, jede Blume dabei ist das Gegenstudium zu unserem Tun (der Kategorie zwei). Wahrscheinlich ist das unser Verhältnis zur »Natur«.

Du gehst als gingst du unter Freunden
Du gehst mit tiefen Schritten durch dich selbst.

So ging Born durchs Elbholz. Übrigens protestierte er damals zugleich, Ende der siebziger Jahre, gegen eine Wiederaufbereitungsanlage und ein atomares Endlager, kaum wenige Kilometer vom Elbholz entfernt. In seinem Gesang, seinen paar Notizen aus dem Elbholz kommt nichts davon vor. Und zugleich wurde dieses Gedicht vielleicht nur so möglich, wegen der Menschen und ihrem Tun. Letzte Schritte, letzte Gänge, am Rande der Entsorgung. Born selbst beschreibt unsere Kategorie eins, die Blütenkategorie, genau mit dem Vers:

Alles nicht aus Ideen gemacht.

Das ist unser wilder Ehrenpreis: Nichts an ihm ist aus Ideen gemacht. Er hat kein ›Warum‹, er läßt die Dinge in ihrem Sein. Dagegen stecken schon in jeder Schnittblume Tausende Flugkilometer. Auch im Elbholz sah Born nichts aus Ideen gemacht (aber einige Kilometer weiter!).

Nur einmal treten die Landvermesser ins Gedicht, wie bei Raabe. Auch hier eine seziermäßig genaue Beschreibung, und zwar unserer Kategorie zwei:

... In ihrer [der Landvermesser] Optik
ist alles zu schade, um nur dazusein.

Der letzte Spaziergang führt immer nach Gorleben. Auch Nicolas Born mußte nur wenige Kilometer hinüberwandern, um in den Wald zu kommen, den Wald der großen Entsorgung. Heute steht dort das sogenannte zentrale Zwischenlager, eine überirdische Halle, in der die Behälter mit dem Namen *Castor* für die nächsten Jahrzehnte eingelagert werden, bevor sie vielleicht einmal in den Salzstock, der unter dem Wald liegt, hinuntergelassen werden für die nächsten hunderttausend Jahre. Dahinter steht die Pilotkonditionierungsanlage, eine Art Umverpackungsanlage zum Öffnen und Umverpacken der strahlenden Stoffe aus den Castor-Behältern. In dem Augenblick, wo sie, diese Anlage, die Arbeit aufnehmen wird, wird sie selbst binnen einem Augenblick zu einem riesigen Haufen verstrahlten Materials werden. Alles ist bewacht wie Armee-Gelände. Einige hundert Meter weiter kommt die riesige Anlage des geplanten Endlagers. Betonwände, patrouillierende Sicherheitswachmänner, Polizisten, Ferngläser, Gewehre, Stacheldraht. Alles aus Ideen gemacht. Das sind wir. Hier bewacht sich die Zivilisation vor sich selbst.

Hier geht niemand, als ginge er unter Freunden.

Die Wendländer, denen von ihrer alten Sprache nur noch ein Gebet geblieben ist, wissen das.

Im Wendland ist man der Wahrheit näher.

Epilog mit Taube

Einmal befanden wir uns in Köln auf der Durchreise und liefen aus dem Hauptbahnhof heraus. Es war im Sommer und einigermaßen heiß, viele Touristen waren da und standen unter der Domplatte oder auf ihr. Sie photographierten, tranken Getränke aus Dosen oder Pappschächtelchen, rauchten oder aßen ihre im Bahnhof gekauften Würste. Sie waren an der Welt vorbeigekommen, um jetzt im Augenblick vielleicht den Kölner Dom zu sehen, denn das war ihnen natürlich und vielleicht sogar ein Wunsch. Wobei der Kölner Dom heute eher das Schicksal einer Bahnhofsprostituierten teilt, denn er ist so nahe am Bahnhof und so problemlos zu erreichen und so einfach zugänglich, daß man ihn zehntausendfach am Tag stippvisitiert – Amerikaner, Japaner, Südafrikaner, Skandinavier, alle zugleich. Man kann auch mit Kirchen Mitleid haben, mit dem Kölner Dom insbesondere. Der Kölner Dom ist ein Abbild unserer Welt und der Menschen. Es gibt, wenn man Nicolas Born durchs Elbholz gefolgt ist, nur eines, was dauerhaft von uns unberührt bleiben wird (denn alles andere werden wir unausweichlich berühren in den nächsten hunderttausend Jahren oder heute), nämlich den Sternenhimmel. Kein Blatt, kein Vogel bleibt von uns verschont, dafür haben wir zuviel, was wir vor ihnen verschließen müßten auf Ewigkeiten. Das, was früher ein Ehrenpreis war oder ein Rotkehlchen, nämlich etwas, das ohne uns existieren konnte, kann heute nur noch der Sternenhimmel sein, das einzige, vor dem wir uns nicht abschließen müssen mit unserer Zivilisation. Wenn man im Kölner Dom steht, ist alles voller Menschen. Unten. Wenn man den Blick nach oben richtet, kommen sie nicht mehr vor. Wir sind ja keine Vögel. Wir haben zwar Flugzeuge, aber im Kölner Dom können wir immer noch nicht fliegen, im Gegensatz zu jedem Vogel, der allerdings auch keinen Flughafen braucht und keine tonnenschweren Bewegungsprothesen.

Als müßten wir überall hin.

In fünfundneunzig (oder noch mehr) Prozent des Kölner Doms kommen wir nicht vor. Und das, obwohl oder gerade weil er aus Ideen gemacht ist, aber aus welchen! Es gibt Menschenwerk, das den Menschen die Idee vermittelt, wie es ohne ihren Willen wäre. Oder wie sie besser wären. Werke der Sehnsucht, der Ehrfurcht und der Demut. Und notgedrungen der Schwermut. Das kann der Kölner Dom sein, dann ist er selbst ein Vogelsang, etwas, das die Welt besingt, aber nicht verändert ... auch wenn er ein riesiges Gebäude aus aberwitzig vielen Tonnen Stein ist.

Einmal also liefen wir im Sommer vor das Hauptportal des Doms unter die Reisenden und Touristen.

Wie immer standen dort einige Straßenkünstler, etwa ein Mann, silbergefärbt, in Geschäftsmannkleidung, der immer wieder folgendes vorführt: Er steht zuerst Minuten ganz starr, dann schaut er plötzlich auf seine theaterhaft große Armbanduhr, rafft seine ebenfalls theaterhafte Aktentasche und rennt, auf der Stelle verbleibend, los. Er rennt, ohne sich vorwärtszubewegen, wird dabei immer langsamer, zeitlupenhaft, bis er wieder völlig erstarrt und sich erneut minutenlang gar nicht bewegt. Ein zweifelhaftes Vergnügen für den Betrachter.

Natürlich waren auf dem Vorplatz auch Tauben verschiedener Arten, Ringeltauben (die mit dem weißen Halsring), Türkentauben (das sind die mit dem allseits unbeliebten, auf der zweiten Silbe betonten gu-guu-gu), Haustauben aller Farbmischungen. Wir hatten nie ein besonders gutes Verhältnis zu Tauben – bis zu diesem Tag. Wir mochten Tauben schon deshalb nicht, weil sie so massenhaft vorkommen und so städtisch sind. Noch in den miesesten und tristesten Stadtteilen fühlen sie sich augenscheinlich zu Hause. Slum-Viecher, so kamen sie uns vor. Dazu dieses Schillern, dieses ekelhafte blaugrüne Schillern (dachten wir), wie bei einer Schmeißfliege … (Über die Schmeißfliege schreibt der Kosmos-Naturführer: Nahezu weltweit verbreitet, nahezu überall.) So schillern auch die Tauben, und so verbreitet sind auch sie. Also hat man bei Tauben geradezu den optischen Eindruck von Kotwühlern. Sie leben im Müll, fressen sich fett und haben etwas von fliegenden Schweinen an sich, zu solchen Invektiven konnten wir uns früher versteigen. Es gibt zwei Vögel, die durch ihre zunehmende Verstädterung tendenziell ein bißchen abstoßend wirken, nämlich der Spatz und die Taube. Der Spatz ist ja auch so straßengrau und macht überall herum. Vielleicht steht der massenhaft in Städten auftretenden Amsel bald ähnliches bevor, und man entwickelt einen kollektiven Widerwillen gegen sie, die grandiose Sängerin, die Wagnerdiva unter den Vögeln. Bei Raben denken ja heute manche schon eher an Geier. Das alles sind erhebliche Anthropomorphismen. Kurzum, Tauben mochten wir nicht, auch wenn wir mit den Jahren den festen Vorsatz hatten, sie nicht wirklich völlig abstoßend zu finden, da sie ja nichts für sich können und auch nur einfach leben. Später hatten wir ein durchaus entspanntes Verhältnis zu Tauben, sogar zum gu-guu-gu der Türkentaube, wenn es frühmorgens das Aufwachen begleitet wie ein erster Gruß aus dem Gerümpel der Stadt. Also, auf dem Domplatz waren natürlich neben den Touristen vor allem Tauben, und wir nahmen sie nicht wahr, weil wir sie zwar akzeptierten, aber eigentlich nie ein erstes Mal mit ihnen gehabt hatten, sie nie ein »phénomène saturé« waren, sondern eher so etwas wie, nun ja, Trottoirsteine oder ähnliches.

Manchmal können Tauben aber auch wirklich, gerade im Vergleich mit anderen Tieren, widerlich sein, nachgerade falsch und verlogen. Wenn man auf eine Taube zugeht, dann springt sie schnell weg, tut aber auch irgendwie so, als sei nichts geschehen, als sei ihr das jetzt peinlich, als hoffe sie aber auch, daß niemand diesen völlig offensichtlichen Vorgang wahrgenommen habe (ein auch unter Menschen weit verbreitetes Verhaltensmuster). Oder etwas anderes: Liebe. Wie elegant ist es, wie melodiös, wenn zwei Schwäne ihre Hälse umeinander tanzen lassen, in ruhigen, fließenden Bewegungen, und wie edel sieht das aus. Und wie gleich. Sie verschmelzen zu einer Einheit aus Rhythmus und Bewegung, kein Tänzer könnte es schöner als diese Schwäne. Sie werden zu einem *Wir*, vielleicht wie wir beide in diesem Text (die Erfahrungen und Ansichten des einen sind nicht immer auch die des anderen, aber sie kommen einander entgegen und umspielen sich). Dagegen Tauben: Der Taubenmann rennt auf höchst peinliche Weise der Taubenfrau hinterher, und die rennt weg, als merkte das mal wieder niemand. Natürlich rennt sie nur halb weg, denn sie ist ja selbst wild auf ihn. Nein, nein, das kann man nicht gern sehen, unter Tauben nicht und nicht unter Menschen.

Dennoch also: Wir ließen die Tauben sein, denn sie ließen auch uns sein, und man muß ja nicht alles lieben. Bis zu diesem Tag vor dem Kölner Dom. Dort wurden die Tauben zu sich selbst für uns, und wir sahen die vielgeschmähten Tiere zum ersten Mal.

Etwa dreißig Meter vor dem Hauptportal standen vierzig oder fünfzig Kinder aller Nationen und auch einige Eltern, die gerade nicht photographierten oder filmten, vor einem weiteren Künstler, und das Schauspiel, das sich dort bot, war noch um einiges prekärer als bei dem Mann in Silberfarbe, der auf der Stelle losrennt, um steckenzubleiben (vermutlich irgendwie gesellschaftskritisch gemeint). Dieser Künstler hier war ein dicker Mann schwarzer Hautfarbe, mit großen Augen, die er zur Unterstreichung des eigenen Klischees immens aufriß und die natürlich ganz und gar weiß waren. Er trug nichts weiter als eine Hose, der immense Bauch, der aufgebläht wirkte, war nackt. Der dicke schwarze Mann in Deutschland, der die Augen aufriß und damit die Kinder erschreckte, stellte also einen dicken schwarzen Mann zur Schau, der die Kinder erschreckte, indem er die Augen aufriß, schon das war nicht ganz angenehm zu bemerken. Aber er hatte dazu noch seine »Kunst«, die die Kinder völlig bannte.

Man sollte noch bemerken, daß der Mann eine Art Pidgin-Deutsch sprach. Deutsch als Wumbala-Ton geformt. Es war nicht zu erkennen, aber man konnte immerhin vermuten, daß der Mann sonst lupenreines Deutsch sprach und hier lediglich den schwarzen Mann mit Wumbala-Sprache spielte, aber eben nur bis an den Rand des Unverständlichen ... die Kinder und die anderen Zuschauer sollten ihn ja noch verstehen.

Der Mann trank gerade aus einer Wasserflasche und schaute dabei mit großen weißen Augen aus seinem schwarzen Gesicht in die erstaunte Menge. Er trank aus einer Zweiliterflasche. Das heißt, er trank sie leer. Dabei wurde geklatscht und ah und oh gemacht. Der kann aber viel trinken, der schwarze Mann (Elternkommentare). Daraufhin hielt der Herr sich seinen zunehmend geblähten schwarzen Bauch und schaute mit verwundertem Gesicht auffordernd in die Menge. Dann sagte er irgendein Wumbala, das die durchaus verständliche Frage beinhaltete, ob er noch mehr Wasser trinken solle. Alle die kleinen Kinder johlten und forderten ihn dazu begeistert und angeekelt und fasziniert auf (daß wir seien wie *diese*, das kann Jesus Christus unmöglich gemeint haben). Der Mann zauberte eine weitere Zweiliterflasche hervor, schaute sie pseudogequält an, zögerte, schaute riesenäugig in die Kinder- und Eltern- und Japanermenge, schluchzte fast, dann setzte er sie an, zögerte noch einmal und trank sie aus. Sein Bauch schien wieder zu wachsen. Er hielt ihn anschließend mit noch verwunderterem Blick mit beiden Händen (und lenkte die Blicke der Umstehenden ebenfalls auf diesen). Es wäre nun zwar keiner in der Menge auf den Gedanken gekommen, wo das alles hinführen könnte, und vor allem forderte niemand eine weitere Wasserflasche, weil es einfach niemandem einfiel. Allein der schwarze Herr sprach ein weiteres Wumbala an die Kinder und hatte wieder eine Flasche in der Hand. Jetzt war da eine Art Rasen in der Masse. Das konnten sie nicht fassen (wir konnten übrigens insgesamt nicht fassen, was wir hier erlebten). Also wieder zwei Liter, und dann gleich noch mal, Bauch immer riesiger, Augen immer größer, Menge immer begeisterter. Er trank so etwa zehn oder zwölf Liter in sich hinein und schien dann, plötzlich keiner Sprache mehr mächtig, Probleme zu bekommen, er trippelte von einem Bein auf das andere und deutete den Kindern an, er werde wohl gleich austreten müssen. Nein, schrien die Kinder. Das versetzte den Mann mit dem Riesenbauch in Pseudopanik. Er holte eine Art Wanne, stellte sie vor sich und tat so, als werde er in höchster Not die Hose herunterlassen, um in die Wanne sein Wasser zu lassen. Pfui, nein, schrien die Kinder. Der Mann trippelte weiter hin und her und deutete immer wieder an, er werde gleich sein Wasser lassen, und der Widerspruch aus der Menge wurde immer faszinierter, begeisterter. Nie hatten sie jemanden so viel trinken sehen, und jetzt durfte er nicht, in aller Öffentlichkeit! Sie ließen ihn nicht.

Plötzlich schaute der schwarze Mann auf Kölner Boden vor dem Dom in Deutschland vor den weltweiten Touristen schelmisch. Er trippelte nun nicht mehr, sondern wirkte plötzlich verächtlich und überlegen (was heißen sollte: Ihr werdet nie erraten, was jetzt kommt). Er lachte nun, er zeigte eine ganze Reihe weißer Zähne in seinem schwarzen Gesicht, er lachte, wie man als Schwarzer zu lachen hat, wenn man einen Schwarzen darstellt. Dann beugte er sich ein wenig zurück, und zum völligen Verstummen der Menge vor dem Kölner Dom öffnete er jetzt seinen Mund und ließ eine mindestens eineinhalb Meter hohe Fontäne aus seiner Kehle sprudeln. Sie sprudelte und sprudelte. Sie hörte gar nicht mehr auf zu sprudeln. Die Menge war überwältigt. So etwas hatten sie noch nicht gesehen. Totale Verblüffung in allen Gesichtern. Und in diesem Moment flog eine Taube über die rechte Schulter des Mannes und nahm unseren Blick mit. Die Taube flog in einem ruhigen Bogen über den Kopf des Mannes, gewann ohne Eile an Höhe, schmiegte sich in eine Linkskurve und stieg gegen die Fassade des Doms in die Luft empor. Zuerst war Himmel ihr Hintergrund, dann näherte sie sich den Fialen und Wimpergen der noch fernen Domwand. Sie hatte unseren Blick binnen einem Moment vom Boden mitgenommen, völlig fraglos und ohne Zwang, und nun folgte unser Blick ihr, die von dem Geschehen unten nichts sah und nichts wußte. Die Fassade des Doms wurde immer und immer größer, und die Taube näherte sich ihm. Je näher sie ihm kam, desto mehr verschmolz sie mit ihm, wurde selbst zu einem kleinen Detail der Fassade, und es war bemerkenswert, wie immer kleiner diese Taube werden konnte und wie immer riesiger der Stein der alles einnehmenden Kirche, bis die Taube dort, dem Blick fast entschwunden, sich unter andere mischte und in einer nicht anders als anmutig zu nennenden letzten Flugbewegung in dem menschenlosen Bild aus Dom und Taube, aus Stein und Glas und funktionslosen Ornamenten und Himmelsstreben und Blau ihren Platz fand.

Wie benommen verließen wir die Menschenszene, ohne sie weiter zu beachten. Die Taube hatte uns geheilt. Seitdem ist dieser Dom ein anderer, und die Tauben sind es auch.

Das Gedicht *Ein paar Notizen aus dem Elbholz* entstammt der Ausgabe Nicolas Born, Gedichte, Reinbek bei Hamburg 1983.

NF 385/1/05.16

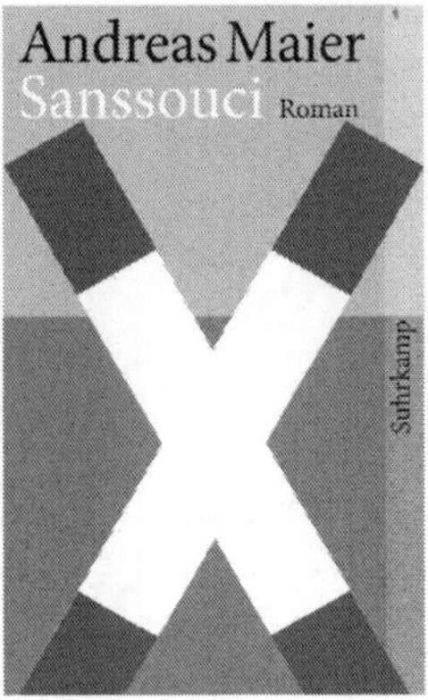

Andreas Maier
Sanssouci
Roman
st 4165. 298 Seiten

Ein skrupelloses Zwillingspaar, ein orthodoxer Mönch, eine sadistische Vegetarierin und ihre Opfer, ein Fernsehredakteur und der Bürgermeister: Sie alle stolpern übereinander, fallen sich in den Arm oder gehen sich aus dem Weg nach dem Unfalltod des Regisseurs Max Hornung, der als Wessi Potsdam mit der Fernsehserie »Oststadt« verewigt und in Empörung und Dankbarkeit gespalten hat. Tatsächlich hat die Stadt auch einen realen doppelten Boden: ein Gangsystem unter dem Schloßpark, in dem man sich zu Zeitvertreib, Quälereien und Okkultismus trifft.

»Ein radikaler romantischer Roman, der nach der Wahrheit unseres Lebens fragt.« *Iris Radisch, Die Zeit*

NF 990/1/1.11

Andreas Maier

Klausen

Roman
suhrkamp taschenbuch 3569
216 Seiten

Klausen, ein unscheinbares Städtchen in Südtirol, wird zum Zentrum eines bedrohlichen Geschehens. Alles beginnt ganz harmlos: In einer Wirtschaft kommt es zu einem Streit zwischen einem Einheimischen und zwei deutschen Touristen. Die Meinungen über diesen Vorfall gehen schnell auseinander. Plötzlich ist von einem Schuß die Rede. Wer das Opfer ist, wer der Täter, darüber gibt es zunächst abenteuerliche Spekulationen. Immer hitziger werden die Debatten, der Streit weitet sich aus, es kommt zu einer Reihe von Übergriffen und Gewalttaten in der Stadt. Eine neugegründete Bürgerinitiative schießlich bringt das Faß zum Überlaufen.
Wie eine Verwirrung die nächste stiftet, bis alle Gewißheiten (oder was wir dafür halten) immer wahnhaftere Züge annehmen und schrill auf unser Handeln zurückwirken, das komponiert Andreas Maier zu einer bitterbösen Komödie über dieses vielleicht gar nicht so weltabgelegene Klausen.

NF 432/1/2.06

Andreas Maier

Wäldchestag

Roman
suhrkamp taschenbuch 3381
315 Seiten

Andreas Maier präsentiert sich in seinem großen Debütroman als gerissener Erzähler mit gewaltigem Fabuliertalent. Adomeit, Naturkundler und Ornithologe, über den man in seinem Wetterauer Provinznest mehr Mutmaßungen erzählt als Tatsachen, wird zu Grabe getragen. Über sein Vermögen kursieren ebenso wilde Gerüchte wie über seine Beziehung zur Schwester, die er vor vielen Jahren wegen eines unehelichen Kindes aus dem Haus gejagt haben soll. Adomeit hat seinen Tod so inszeniert, daß die Beerdigung ausgerechnet am Pfingstsonntag stattfindet. Die angereiste Verwandtschaft und all die Sensationshungrigen im Dorf müssen sich aber noch zwei weitere Tage gedulden, denn auch für die Testamentseröffnung ist vom Verstorbenen ein unpassender Termin festgelegt worden: der Pfingstdienstag, an dem man im Frankfurter Raum traditionell den Wäldchestag feiert. Eine tollkühn erzählte Geschichte über einen gebeutelten Kerl, der der Welt auf beeindruckende Weise eine Nase dreht.

NF 546/1/2.06

Andreas Maier

Kirillow

Roman
suhrkamp taschenbuch 3778
352 Seiten

Franz Kober und Julian Nagel sind mehr als Freunde, fast schon Wahlbrüder. Eingeschrieben an der Uni Frankfurt, studieren sie jedoch weniger ein bestimmtes Fachgebiet als vielmehr die prinzipielle Frage, wie falsches und wahres Leben voneinander zu unterscheiden sind. Unversehens – leichter noch als in den ersten beiden Romanen – verstrickt uns Andreas Maier mit *Kirillow* ins Beziehungs- und Redegeflecht dieser beiden jungen Männer und ihrer Clique, die ständig in Bewegung sind: auf der Suche nach Erleuchtung, einem Lebensziel, einem Partner, Anerkennung, mehr Alkohol und mehr Würstchen und einem Schlafplatz für den Rest der Nacht. Ebenso unterhaltend wie bestechend wirkt die Komik, mit der Maier den Ernst der Krankheit Jugend zum Gegenstand seines Erzählens macht, ohne die kleinste Konzession an den Jux.

»Andreas Maier schreibt sich mit *Kirillow* in die erste Reihe der deutschen Gegenwartsliteratur.« *taz*

NF 545/1/2.06

suhrkamp taschenbücher
Eine Auswahl

Isabel Allende

– Das Geisterhaus. Roman. Übersetzt von Anneliese Botond. st 1676. 501 Seiten
– Mayas Tagebuch. Roman. Übersetzt von Svenja Becker. st 4444. 444 Seiten
– Die Insel unter dem Meer. Roman. Übersetzt von Svenja Becker. st 4290. 552 Seiten
– Inés meines Herzens. Roman. Übersetzt von Svenja Becker. st 4035. 394 Seiten
– Fortunas Tochter. Roman. Übersetzt von Lieselotte Kolanoske. Gebunden. st 4383. 705 Seiten
– Paula. Übersetzt von Lieselotte Kolanoske. st 2840. 496 Seiten. Großdruck: st 3926. 706 Seiten
– Das Siegel der Tage. Roman. Übersetzt von Svenja Becker. st 4126. 409 Seiten

Gerbrand Bakker

– Oben ist es still. Roman. Übersetzt von Andreas Ecke. st 4142. 315 Seiten
– Der Umweg. Roman. Übersetzt von Andreas Ecke. st 4435. 231 Seiten

Joanna Bator

– Sandberg. Roman. Übersetzt von Esther Kinsky. st 4404. 492 Seiten
– Wolkenfern. Roman. Übersetzt von Esther Kinsky. st 4574. 499 Seiten

Jurek Becker

– Bronsteins Kinder. Roman. st 1517. 302 Seiten
– Jakob der Lügner. Roman. st 774. 288 Seiten

NF 266d/1/01.15

Louis Begley
- Lügen in Zeiten des Krieges. Roman. Übersetzt von Christa Krüger. st 2546. 223 Seiten. Großdruck: st 4092. 310 Seiten
- Ehrensachen. Roman. Übersetzt von Christa Krüger. st 3998. 444 Seiten
- Schmidts Einsicht. Roman. Übersetzt von Christa Krüger. st 4415. 415 Seiten
- Der Fall Dreyfus. Teufelsinsel, Guantánamo, Alptraum der Geschichte. Übersetzt von Christa Krüger. st 4304. 248 Seiten

Thomas Bernhard
- Alte Meister. Komödie. st 1553. 310 Seiten
- Auslöschung. Ein Zerfall. st 1563. 651 Seiten
- Heldenplatz. st 2474. 176 Seiten
- Holzfällen. Eine Erregung. st 1523. 336 Seiten
- Aus Opposition gegen mich selbst. Ein Lesebuch. Herausgegeben von Raimund Fellinger. st 4211. 368 Seiten

Peter Bichsel
- Kindergeschichten. st 2642. 86 Seiten
- Über Gott und die Welt. Schriften zur Religion. Herausgegeben von Andreas Mauz. st 4154. 288 Seiten

Lily Brett
- Lola Bensky. Roman. Übersetzt von Brigitte Heinrich. st 4470. 302 Seiten
- Chuzpe. Roman. Übersetzt von Melanie Walz. st 3922. 334 Seiten

Jaume Cabré
- Die Stimmen des Flusses. Roman. Übersetzt von Kirsten Brandt. st 4049. 666 Seiten

Truman Capote

– Die Grasharfe. Roman. Übersetzt von Annemarie Seidel und Friedrich Podszus. st 1796. 208 Seiten

Paul Celan

– Die Gedichte. Kommentierte Gesamtausgabe in einem Band. Herausgegeben und kommentiert von Barbara Wiedemann. st 3665. 1000 Seiten
– »Die Jahre von dir zu mir«. Ein Lesebuch von Ben Becker. st 4468. 107 Seiten

Marguerite Duras

– Der Liebhaber. Übersetzt von Ilma Rakusa. st 4507. 143 Seiten

Hans Magnus Enzensberger

– Herrn Zetts Betrachtungen, oder Brosamen, die er fallen ließ, aufgelesen von seinen Zuhörern. st 4553. 226 Seiten
– Hammerstein oder Der Eigensinn. Eine deutsche Geschichte. st 4095. 378 Seiten
– Gedichte 1950-2015. st 4554. 241 Seiten

Louise Erdrich

– Der Club der singenden Metzger. Roman. Übersetzt von Renate Orth-Guttmann. st 3750. 503 Seiten
– Der Klang der Trommel. Roman. Übersetzt von Renate Orth-Guttmann. st 4083. 327 Seiten

Laura Esquivel

– Bittersüße Schokolade. Roman. Übersetzt von Petra Strien. st 2391 und it 4030. 278 Seiten

Philippe Grimbert

– Ein Geheimnis. Roman. Übersetzt von Holger Fock und Sabine Müller. st 3920. 154 Seiten

NF 266d/3/01.15

Peter Handke
- Immer noch Sturm. st 4323. 165 Seiten
- Mein Jahr in der Niemandsbucht. Ein Märchen aus den neuen Zeiten. st 3887. 628 Seiten
- Die morawische Nacht. Erzählung. st 4108. 560 Seiten
- Wunschloses Unglück. Erzählung. st 3287. 96 Seiten

Marie Hermanson
- Der Mann unter der Treppe. Roman. Übersetzt von Regine Elsässer. st 3875. 269 Seiten
- Muschelstrand. Roman. Übersetzt von Regine Elsässer. st 3390. 304 Seiten

Hermann Hesse
- Der Steppenwolf. Roman. st 175. 288 Seiten
- Siddhartha. Eine indische Dichtung. st 182. 128 Seiten
- Narziß und Goldmund. Erzählung. st 274. 320 Seiten
- Mit der Reife wird man immer jünger. Betrachtungen und Gedichte über das Alter. st 3551. 192 Seiten

Reginald Hill
- Rache verjährt nicht. Roman. Übersetzt von Ulrike Wasel und Klaus Timmermann. st 4473. 683 Seiten

Uwe Johnson
- Jahrestage. Aus dem Leben von Gesine Cresspahl. 4 Bände. st 4455. 2150 Seiten
- Zwei Ansichten. st 2183. 243 Seiten

James Joyce
- Ulysses. Roman. Übersetzt von Hans Wollschläger. st 3816. 987 Seiten

Daniel Kehlmann
- Ich und Kaminski. Roman. st 3653. 174 Seiten

NF 266d/4/01.15

Sibylle Lewitscharoff
- Apostoloff. Roman. st 4180. 248 Seiten
- Blumenberg. Roman. st 4399. 220 Seiten
- Montgomery. Roman. st 4321. 346 Seiten

Nicolas Mahler
- Alice in Sussex. Frei nach Lewis Carroll und H.C. Artmann. Graphic Novel. st 4386. 143 Seiten
- Thomas Bernhard: Alte Meister. Komödie. Gezeichnet von Mahler. Graphic Novel. st 4293. 158 Seiten
- Der Mann ohne Eigenschaften. Nach Robert Musil. Graphic Novel. st 4483. 156 Seiten

Andreas Maier
- Das Haus. Roman. st 4416. 165 Seiten
- Onkel J. Heimatkunde. st 4261. 132 Seiten
- Bullau. Versuch über Natur. st 3947. 127 Seiten
- Wäldchestag. Roman. st 3381. 315 Seiten
- Das Zimmer. Roman. st 4303. 203 Seiten

Adrian McKinty
- Der katholische Bulle. Roman. Übersetzt von Peter Torberg. st 4523. 384 Seiten

Patrick Modiano
- Eine Jugend. Roman. Übersetzt von Peter Handke. st 4615. 187 Seiten
- Die Gasse der dunklen Läden. Roman. Übersetzt von Gerhard Heller. st 4617. 160 Seiten
- Villa Triste. Roman. Übersetzt von Walter Schürenberg. st 4616. 142 Seiten

Cees Nooteboom
- Allerseelen. Roman. Übersetzt von Helga van Beuningen. st 3163. 440 Seiten

NF 266d/5/01.15

– Briefe an Poseidon. Übersetzt von Helga van Beuningen. st 4494. 224 Seiten
– Schiffstagebuch. Ein Buch von fernen Reisen. Übersetzt von Helga van Beuningen. st 4362. 283 Seiten

Amos Oz
– Eine Geschichte von Liebe und Finsternis. Roman. Übersetzt von Ruth Achlama. st 3788 und st 3968. 828 Seiten
– Unter Freunden. Übersetzt von Mirjam Pressler. st 4509. 215 Seiten

Marcel Proust
– Auf der Suche nach der verlorenen Zeit. 7 Bände in Kassette. Übersetzt von Eva Rechel-Mertens. Revidiert von Luzius Keller und Sibylla Laemmel. 5300 Seiten

Ralf Rothmann
– Feuer brennt nicht. Roman. st 4173. 304 Seiten
– Milch und Kohle. Roman. st 3309. 210 Seiten
– Shakespeares Hühner. Erzählungen. st 4434. 212 Seiten

Judith Schalansky
– Blau steht dir nicht. Matrosenroman. st 4284. 139 Seiten
– Der Hals der Giraffe. Bildungsroman. st 4388. 222 Seiten

Andrzej Stasiuk
– Hinter der Blechwand. Roman. Übersetzt von Renate Schmidgall. st 4405. 349 Seiten
– Kurzes Buch über das Sterben. Geschichten. Übersetzt von Renate Schmidgall. Gebundene Ausgabe. st 4421. 112 Seiten

Uwe Tellkamp
– Der Eisvogel. Roman. st 4161. 318 Seiten
– Der Turm. Geschichte aus einem versunkenen Land. Roman. st 4160. 976 Seiten

NF 266d/6/01.15

Tuvia Tenenbom

- Allein unter Deutschen. Eine Entdeckungsreise. Übersetzt von Michael Adrian. st 4374. 431 Seiten
- Allein unter Juden. Eine Entdeckungsreise durch Israel. Übersetzt von Michael Adrian. st 4530. 473 Seiten

Hans-Ulrich Treichel

- Grunewaldsee. Roman. st 4244. 237 Seiten
- Menschenflug. Roman. st 3837. 233 Seiten
- Der Verlorene. Erzählung. st 3061. 176 Seiten

Rose Tremain

- Der unausweichliche Tag. Roman. Übersetzt von Christel Dormagen. st 4403. 334 Seiten

Mario Vargas Llosa

- Das böse Mädchen. Roman. Übersetzt von Elke Wehr. st 3932. 395 Seiten
- Der Traum des Kelten. Roman. Übersetzt von Angelica Ammar. st 4380. 447 Seiten
- Ein diskreter Held. Roman. Übersetzt von Thomas Brovot. st 4545. 380 Seiten

Martin Walser

- Ein fliehendes Pferd. Novelle. st 600. 160 Seiten

Don Winslow

- Manhattan. Roman. Übersetzt von Hans-Joachim Maass. st 4440. 404 Seiten
- Kings of Cool. Roman. Übersetzt von Conny Lösch. st 4488. 349 Seiten
- Tage der Toten. Kriminalroman. Übersetzt von Chris Hirte. st 4340. 689 Seiten
- Pacific Private. Kriminalroman. Übersetzt von Conny Lösch. st 4096. 394 Seiten

NF 266b/7/01.15